DU RÉGNE VÉGÉTAL

Fig. 1. — Arbres géants.

CURIOSITÉS

DU

RÈGNE VÉGÉTAL

PAR

L. LEBŒUF

AVEC GRAVURES DANS LE TEXTE

PARIS

LIBRAIRIE GÉNÉRALE DE VULGARISATION

9, RUE DE VERNEUIL, 9

CURIOSITÉS
DU RÈGNE VÉGÉTAL

—

PREMIER ENTRETIEN

PHYSIOLOGIE VÉGÉTALE

Pour compléter nos entretiens de l'année dernière [1] et bien saisir tout ce qu'offre d'intéressant l'étude de la botanique, nous avons besoin de nous appesantir sur les fonctions que remplissent les organes que je vous ai appris à connaître, fonctions qui ont pour but :

1° L'alimention de la plante ;

2° Sa reproduction.

Nous allons, en un mot, faire de la *physiologie végétale*.

Ce mot de physiologie ordinairement employé à propos de la description de l'homme et des animaux est également applicable au règne végétal ; en effet, les fonctions vitales sont tellement identiques

[1] Voir la *Botanique du Grand-père*. Librairie Générale de Vulgarisation (A. DEGORCE).

chez tous les êtres organisés, végétaux ou animaux, que bien des termes leur sont communs. Nous définirons donc encore une fois ce mot : La physiologie est la science ayant pour objet l'étude des fonctions qui s'accomplissent chez les êtres organisés tant pour *entretenir leur existence* que pour en *perpétuer l'espèce ;* de là deux fonctions distinctes :

1° Celles qui ont pour but l'existence de la plante, ou de *nutrition ;*

2° Celles qui ont pour but d'en perpétuer l'espèce, ou de *reproduction.*

FONCTIONS DE NUTRITION

Vous savez que les organes de la nutrition sont : les racines, la tige et les feuilles : inutile d'y revenir ; mais quels rôles jouent ces différents organes dans l'acte de la nutrition, c'est ce que nous allons examiner.

Dans l'acte de la nutrition, différents phénomènes se produisent : 1° l'absorption ; 2° l'ascension de la sève ; 3° la transpiration ; 4° la respiration et l'expiration ; 5° la circulation de la sève ascendante ; 6° les secrétions et excrétions.

1° L'ABSORPTION. — Cette fonction se fait par les extrémités les plus ténues des racines, et elle n'opère que sur des parties liquides ; il faut donc que les gaz et les sels qui alimentent la plante soient en dissolution dans l'eau.

Les substances nutritives que l'eau sert à introduire dans les végétaux sont : l'acide carbonique ; les éléments constitutifs de l'air : oxygène et azote, et différentes combinaisons salines, terreuses et métalliques ; ces liquides absorbés constituent la sève.

2° ASCENSION DE LA SÈVE. — De la racine la sève monte dans le tronc ; elle s'élève à travers tout le corps ligneux et arrive aux feuilles où elle est mise en contact avec l'atmosphère qui la modifie comme je vais vous l'indiquer plus loin.

3° TRANSPIRATION. — Plusieurs d'entre vous ont pu remarquer que, lors même qu'il n'y a pas de rosée, les feuilles de pavots et de choux sont parfois, à l'extrémité des nervures, chargées de gouttelettes transparentes. Des expériences faites par le physicien Haller[1] ont prouvé que l'eau surabondante contenue dans la sève était rejetée au dehors, dans l'atmosphère, et que ces gouttelettes, d'une limpidité parfaite, ne provenaient pas de la rosée, mais de la transpiration de la plante.

4° RESPIRATION DES PLANTES. — C'est bien là, mes jeunes amis, un des phénomènes les plus remarquables de la vie des végétaux et je vous prie de me prêter toute votre attention.

La feuille est bien, si je puis m'exprimer ainsi, le poumon et le cœur de la plante ; l'air atmosphérique est aspiré par cet organe, comme il l'est, chez les animaux, par les poumons, et de plus, la feuille modifie, purifie la sève, comme le cœur,

---

[1] Savant, né à Berne (Suisse) en 1708.

chez les animaux, contribue à modifier le sang mis, par cet organe, en contact avec l'air. En se modifiant en *cambium* ou en *latex* dans les nervures des feuilles, la sève subit une transformation analogue à celle du sang dans les poumons et acquiert les propriétés nutritives qui sont nécessaires à la vie du végétal ; aussi les plantes meurent-elles promptement dans le vide ou dans les gaz privés d'oxygène.

Comment s'opère cette respiration végétale? C'est ce que nous allons examiner, et, ici, j'appelle encore une fois, toute votre attention, car c'est là un des phénomènes les plus importants et les plus curieux de la physiologie végétale.

Pour analyser les phénomènes de la respiration végétale il faut observer ce qui se passe dans les parties vertes comme dans les parties colorées de la plante. En botanique on est convenu de considérer comme parties colorées toutes celles qui ne sont pas vertes : les blanches mêmes sont considérées comme colorées.

Le tableau suivant résume les phénomènes observés.

RESPIRATION VÉGÉTALE

Parties colorées.	Absorbent l'oxygène et exhalent l'acide carbonique le jour comme la nuit.
Parties vertes...	Pendant la nuit, absorbent de l'oxygène et exhalent de l'acide carbonique. Pendant le jour, décomposent l'acide carbonique, exhalent l'oxygène et gardent le carbone.

Cet acide carbonique provient de trois sources :

1° De l'air ;
2° Des racines ;
3° De la combinaison de l'oxygène absorbé pendant la nuit, avec le carbone de la plante.

On pourrait croire que les plantes, absorbant l'acide carbonique et exhalant l'oxygène, tandis que les animaux absorbent l'oxygène et rejettent l'acide carbonique, il serait nécessaire que l'équilibre s'établît entre ces deux genres de respiration pour que l'état de l'atmosphère n'en fût pas modifié, et pour que l'air continuât d'être respirable ; mais des expériences faites par des savants ont démontré que ces phénomènes étaient incapables de modifier en rien la composition de l'immense atmosphère dans aquelle nous sommes plongés. Il n'en serait pas de même d'une chambre hermétiquement close qui renfermerait des plantes et dont l'air ne pourrait être renouvelé ; la quantité d'acide carbonique reeté par les végétaux pourrait occasionner de graves accidents et même déterminer l'asphyxie des personnes qui y séjourneraient trop longtemps ; les exemples d'accidents semblables sont très fréquents, aussi, mes jeunes amis, ne saurais-je trop vous recommander de ne jamais laisser de fleurs, la nuit surtout, dans votre chambre à coucher.

Cette décomposition a encore et surtout pour résultat de fixer dans les végétaux le carbone qui est la base de leurs tissus.

5° LA SÈVE DESCENDANTE. — Après s'être modifiée au contact de l'air et avoir acquis toutes ses qualités nutritives, la sève redescend des feuilles aux racines portant religieusement, à toutes les parties de la plante, les sucs nécessaires à son accroissement : c'est *la sève descendante ;* voici comment a lieu ce phénomène. Ici, encore, redoublez d'attention.

Chez les végétaux, comme chez les animaux, la sève a deux directions différentes. Chez les animaux, la direction artérielle (*sang vivifié*) est centrifuge (*qui s'éloigne du centre*), la direction veineuse est centripète (*qui revient vers le centre*); chez les végétaux, la sève amenée des racines dans la couche ligneuse pour aller aux feuilles est centripète, elle devient centrifuge lorsque, ayant passé par les feuilles, elle va porter à toutes les parties de la plante les qualités qu'elle a acquises par son contact avec l'air. Des expériences ont prouvé que la sève montante se dirige vers le centre du bois, montant de cellule en cellule, de vaisseau en vaisseau jusqu'aux feuilles, tandis, qu'au retour, elle descend entre le bois et l'écorce pour former de nouveaux tissus.

Vous avez sans doute remarqué, mes jeunes amis, dans nos excursions au milieu des bois, que les branches autour desquelles s'enroule le chèvrefeuille sont contournées en forme de vis, et, si vous avez bien observé, vous avez vu que la partie saillante, la boursouflure de l'écorce, s'est produite au-dessus de la ligature : c'est la sève descendante qui, contrariée dans sa course, s'est accumulée là et a causé ces renflements, tandis que la partie au-dessous a cessé de croître. Ce fait prouve donc que c'est à la sève descendante qu'est dû l'accroissement du végétal et qu'elle circule principalement dans les parties de la tige où se forment de nouvelles couches, c'est-à-dire le long de l'écorce et de l'aubier. Nous avons vu, dans nos entretiens de l'année dernière, comment croissent en diamètre les tiges de nos arbres dicolylédonés, et comment il est possible de connaître l'âge d'un arbre abattu en comptant, à sa base, le nombre de couches concentriques du tissu ligneux.

La sève descendante n'est pas de même nature dans tous les végétaux : elle est blanche dans les euphorbiacées ; jaunâtre, dans les papavéracées ; résineuse, dans les conifères, etc…

6° SECRÉTIONS ET EXCRÉTIONS. — La sève descendante n'est pas totalement absorbée par la plante ; les sucs ou matières qui ne sont pas nécessaires à sa nourriture sont séparés de sa masse, élaborés ensuite par des organes particuliers et rejetés, pour la plupart, au dehors : ce sont les *déjections* ou *excrétions* des plantes.

Il faut vous dire tout d'abord que les composés fondamentaux des plantes sont le résultat de la combinaison des trois corps élémentaires qui se trouvent dans la sève, savoir : l'*hydrogène* et l'*oxygène*, éléments constitutifs de l'eau, et le *carbone*.

Si l'oxygène et l'hydrogène restent en proportions convenables pour faire de l'eau (deux parties d'hydrogène et une d'oxygène) ils produisent, en se combinant avec le carbone, les ligneux ou le bois, la gomme, la fécule, le sucre ;

Si l'oxygène est en excès, il constitue la base des acides végétaux : acides *citrique, malique, tartrique*, etc.

Si, au contraire, l'hydrogène domine, on a les huiles, les résines, etc.

Par la composition de la sève on peut donc se rendre compte de la présence de ces principes dans les végétaux, mais c'est là de la chimie organique et cette étude nous entraînerait trop loin ; j'aime mieux, pour terminer cette causerie, vous faire voir combien la nature, ici encore, s'est montrée prodigue, et quel parti l'industrie et la science ont su tirer des sucs sécrétés par les plantes.

Les végétaux fournissent à l'industrie et aux arts :

Les *huiles grasses* comme celles d'olive, d'amande douce, de faîne, de colza, de navette, etc.;

Les *huilés siccatives* comme celles de lin, de noix, de pavot, d'œillette, de chenevis, etc;

La *cire végétale* qu'on obtient du cirier, du palmier ;

Le *beurre de cacao* qui sert à faire le chocolat et qui s'obtient du cacaoyer;

Les *huiles volatiles* employées dans les parfums ;

Lé *camphre*, espèce d'huile volatile;

Lés *résines*, telles que le goudron, la poix, la colophane, le mastic, le sang-dragon, la sandaraque, la résine copale, la résine élémi ;

Les *baumes*, tels que le benjoin, le storax, le baume de la Mecque, du Pérou, de Tolu, etc.

Les *gommes* qui se trouvent dans les graines, les écorces et les racines des végétaux : gomme arabique, gomme adragante, etc. ;

Les *gommes-résines* composées de gomme et de résine, telles sont l'assa-fœtida, la gomme-ammoniaque, l'aloès et la gomme-gutte ;

Le *caoutchouc* ou gomme élastique qui découle de plusieurs arbres de la zone équatoriale ;

Les *sucres* de canne, de betterave, de châtaigne, d'érable, de raisin, de groseille, de figue, etc ;

La *manne* produite par l'ornus, espèce de frêne à fleurs ;

L'*amidon* ou la fécule, matière composée de granules organiques que l'on extrait des racines, tubercules, tiges de certaines plantes et surtout des graines de céréales ; tout le monde sait que l'amidon sert à faire l'empois dont se servent les blanchisseuses.

Les plantes renferment, en outre, des principes acides ou alcalins.

L'acide *acétique* s'extrait du vin, du bois ; l'acide *malique*, des pommes ; l'acide *citrique*, du citron ; l'acide *oxalique*, de l'oseille ; l'acide *tartrique*, des fruits et du raisin ; l'acide *prussique*, poison très violent se trouve dans les amandes amères et dans celles de la pêche, de l'abricot, de la prune, de la cerise : combiné avec les oxygénés du fer, il forme le *bleu de Prusse* ; l'acide *gallique*, produit par la *noix de Galle* et employé par les corroyeurs et les fabricants d'encre ; la *morphine* que l'on extrait de l'opium et la *quinine* que l'on extrait du quinquina.

Enfin les plantes contiennent encore diverses matières colorantes que l'on trouve tantôt dans les racines (le rouge de garance, le jaune de curcuma), tantôt dans les tiges, (l'hémaline, principe colorant du bois de campêche, le rouge du bois de

Brésil), tantôt dans les feuilles (l'indigo du pastel), tantôt enfin dans les fleurs (le rouge de carthame, le jaune de la Gaude), et nous en omettons assurément. Mais combien a-t-il fallu de siècles pour découvrir toutes ces richesses et combien ont encore échappé aux savants!

DEUXIÈME ENTRETIEN

LA GARANCE. — L'ASPÉRULE ODORANTE — L'IPÉCACUANHA. — LE CAFÉIER. — LE QUINQUINA.

Dans ma précédente causerie, j'ai cité comme plante tinctoriale la *Garance (Rubia tinctorum)*. Cette plante, de la famille des Rubiacées dont elle est le type, paraît être originaire de l'Orient quoiqu'elle pousse spontanément dans le midi de l'Europe. Il y a quelques années à peine on la cultivait en grand dans le département de Vaucluse, en Alsace et dans quelques autres pays, à cause du principe colorant rouge contenu dans ses racines et dont on se sert pour teindre les tissus, notamment les pantalons rouges de nos soldats.

On assure que les propriétés tinctoriales de la Garance étaient connues dans la plus haute antiquité et que cette plante était cultivée par nos ancêtres, les Gaulois d'Aquitaine; au moyen âge, il s'en faisait un grand commerce en Normandie; au XVIᵉ siècle, dans les Flandres; au XVIIᵉ siècle en

Alsace et surtout 'dans le comtat d'Avignon. Le département de Vaucluse aurait été doté de cette culture par un arménien catholique, Jean Alten, qui rapporta d'Ispahan, de la graine de cette précieuse plante. Il y a dix ans, à peine, cette culture était encore en grande faveur dans le comtat

Fig. 2. — Garance.

d'Avignon, qui en produisait annuellement pour plus de vingt millions ; mais de récentes découvertes de matières colorantes extraites de l'*Aniline* ont complètement tué cette industrie avignonaise.

Un fait digne de remarque : c'est que le principe colorant contenu dans la Garance se combine avec le sang des animaux qui mangent de cette plante, et colore leurs os, leur salive, leur lait et même leur sueur.

La plante qui produit la Garance n'a rien de bien séduisant, ni à l'œil, ni au toucher, ni à l'odorat. Elle est vivace, à racines longues et rampantes, à tiges carrées, noueuses, hérissées de poils très rudes ; les feuilles verticillées sont, comme ses baies noirâtres, également hérissées de poils ; la fleur est petite, jaunâtre et presque herbacée. Du reste, si vous voulez connaître la Garance dont il m'est impossible de vous présenter un échantillon, examinez le Gratteron : c'est son cousin germain ; même port, mêmes tiges noueuses, rugueuses, couvertes de poils ; mêmes fruits, mêmes petites fleurs presque herbacées, Ah ! l'espèce n'en est pas rare, il en pousse dans les champs (*Galium tricorne*), dans les bois (*Galium Sylvaticum*), dans les buissons (*Galium cruciatum*) (*Galium Verum*) *Caille lait*; dans les étangs et les marais (*Galium Gliginosum*), etc., et j'en passe car la liste serait trop longue. Tenez, en voici un que j'ai trouvé sur les hauteurs de Saint-Syllas : c'est le *Galium Anglicum*. Voyez comme cette tige est rugueuse au toucher et comme ces petites baies vertes s'attachent aux vêtements : impossible de les en arracher. Aucune de ces plantes n'offre d'intérêt. On attribue bien à quelques unes d'entre elles la propriété de faire cailler le lait, d'où leur nom de *Caille lait*, mais cette propriété est très contestée, et il y a longtemps que nos ménagères ont donné la préférence à la présure provenant de la caillette des veaux. Cependant, en Angleterre, on emploie le *Galium* pour jaunir les fromages et pendant longtemps on l'administrait aux nourrices pour augmenter la secrétion du lait.

Encore une proche parente de la Garance, mais qui a tout autre mine. Voyez quelle jolie bordure, et comme cette petite plante semble se plaire ici, sous ces tilleuls plusieurs fois séculaires! « C'est que Madame aime l'ombre et le mystère; Dieu! que cette fleur est gracieuse et comme cette petite tête blanche en corymbe se détache bien sur le fond vert de sa collerette! L'*Aspérule odorante* (*Asperula odorata*), vulgairement petit muguet, est l'emblême de *l'attachement sincère et durable* ; elle appartient aussi à la nombreuse famille des Rubiacées, Eh bien! cette modeste habitante des bois est aussi bienfaisante qu'elle est gracieuse; vantée autrefois comme tonique et vulnéraire, elle était en outre administrée contre les obstructions du foie. Aujourd'hui les ménagères emploient ses tiges desséchées pour parfumer le linge ; ses petites baies torréfiées peuvent remplacer le café.

Au même genre se rattache l'*Asperula tinctoria*, vulgairement, petite Garance que l'on trouve sur les collines sèches des environs de Paris et dont la racine contient un principe colorant, mais cette espèce est assez rare ; l'*Asperula cynanchica*, *herbe à l'Esquinancie* appartient au même genre et habite les mêmes climats.

Si la famille des Rubiacées est nombreuse en

Europe, on peut dire qu'elle est abondante dans le nouveau continent, et bien digne d'attirer encore un moment notre attention. Transportons-nous un instant dans les forêts vierges de l'Amérique du sud. Quelles variétés infinies d'images se déroulent aux yeux du voyageur surtout au milieu de cette belle nature tropicale! Ici des palmiers élèvent jusqu'à 30 ou 40 mètres leurs têtes majestueuses et leurs grappes gigantesques de fruits; là c'est une vaste et sombre forêt dont les arbres entrelacés de lianes forment, en se joignant, une immense voûte de verdure; plus loin une colline dont le plateau supérieur est rempli de gracieuses Andromèdes, ces bruyères du nouveau continent. Ailleurs, c'est une plaine basse littéralement couverte d'Héliconias aux brillantes fleurs rouges, et, au milieu d'Aroïdées au feuillage gigantesque apparaissent les Caladium bicolor d'un beau vert teinté de rose et d'argent. Dans les lieux découverts, d'énormes buissons de Lantana, chargés d'ombrelles blanches, rouges, jaunes ou violettes bordent les sentiers, mêlés aux Mimeuses sensibles et aux Acacias dont les fleurs en boule ne sont pas moins élégantes que le feuillage, et, au milieu de tout cela, perchés sur les branches, suspendus aux lianes, posés sur une fleur, sautent, chantent, folâtrent des nuées d'oiseaux au plumage d'azur ou de pourpre, des papillons aux ailes nacrées ou bleu céleste, ou bariolé de toutes couleurs. Ici, des singes se balancent dans les arbres; là, dans les endroits secs, d'énormes serpents montrent leurs têtes hideuses ou, sur le bord des rivières, des alligators monstrueux attirent les regards, car tout est grandiose, même l'horrible, dans cette atmosphère incandescente.

Si certains végétaux, comme l'*Ambreria* qui sent l'Ambre, répandent les parfums les plus suaves, d'autres: le *Prétoria*, le *Serissa fœtida*, le *Fœderia fœtida*, — tous de la famille des Rubiacées, — dégagent une odeur tellement puante, sous ces chauds rayons de soleil, que le voyageur qui passe à leur proximité se bouche les narines, se croyant au milieu d'une équipe de la compagnie Le Sage. On assure néanmoins que la racine du *Fœderia* est utilisée dans l'Inde comme émétique.

Mais le vomitif par excellence est l'*Ipécacuanha*, petit arbrisseau, habitant les forêts vierges du Brésil et dont la découverte serait due au hasard.

« Les aborigènes du Brésil prétendent que les vertus de l'Ipécacuanha ont été révélées à leurs ancêtres par un chien sauvage, le *Guara* ; cet animal, quand il avait bu en excès l'eau saumâtre ou impure des lagunes ou des rivières, mâchait des racines d'Ipécacuanha, qui lui faisaient vomir cette eau et lui rendaient la santé. » (LEMAOUT.)

Le *Cephaëlis Ipécacuanha* est un petit arbrisseau dont la tige n'a guère plus de 60 centimètres de hauteur ; les feuilles sont disposées par paires avec deux stipules réunies à leur base et divisées par le haut en plusieurs lanières étroites ; les fleurs sont disposées en tête, et le fruit est une baie peu charnue contenant deux luculaines qui se séparent à la maturité. Toute la vertu de cette plante se trouve dans la racine, de la grosseur d'une plume d'oie, tortue, disposée par anneaux très rapprochés et dont le bois est jaune et l'écorce grise.

Cette précieuse racine si employée aujourd'hui pour combattre la dyssenterie ne fut introduite en France que vers le milieu du XVII° siècle.

Adrien Helvétius, médecin hollandais qui exerçait son art à Paris, y fit, avec cette plante inconnue encore, des cures qui parurent si miraculeuses, notamment sur la personne du Dauphin, que le roi Louis XIV accorda au médecin hollandais le privilège de débiter sa *drogue*. De ce jour l'Ipécacuanha avait conquis droit de cité et faisait partie du Codex. Les colons en font un grand commerce et ils le recherchent avec tant d'ardeur que, vu le peu de soin qu'on attache à sa conservation, il est à craindre que cette précieuse Rubiacée ne disparaisse bientôt de la Flore du nouveau continent.

Je vous ai parlé tout à l'heure de certains hôtes dangereux des contrées tropicales, entr'autres des *Serpents* et des *Alligators* ; ces derniers qui attirent leur proie en imitant le cri de l'homme sont encore les moins dangereux. Ils saisissent leur victime humaine et la happent d'une seule goulée, il est vrai, mais sans lui faire de mal: telle la baleine avala Jonas, seulement ils oublient toujours de rejeter leur proie sur le rivage; il n'en est pas de même du traître serpent. Blotti, roulé sur ses mille anneaux, derrière un buisson, il attend sournoisement le passage de sa victime et lui plante dans le mollet ses crochets à venin : c'est la mort à bref délai. Eh bien! mes enfants, la nature a mis le remède à côté du mal et c'est encore la famille des Rubiacées qui nous le fournit; les *Chiococca Anguifuga* et chiococca dentifolia, connus dans le pays sous le nom de *Caïnana* qui est celui d'un serpent à venin, sont des remèdes héroïques contre les morsures de ces terribles *sauriens.*

En préparant, hier, cette petite causerie, je savourais une chaude tasse de moka; que voulez-vous, je suis de mon siècle. Mais, me dis-je en *a parte*, l'arbre qui produit cette petite graine est aussi une Rubiacée! Oui, mes amis: l'arbrisseau qui produit le café est de la même famille que le rugueux Gratteron, que la gracieuse Aspérule et que le nauséabond *Pæderia fœtida*, mais il ne leur ressemble guère que par la fleur et par le fruit.

Le Caféier (*Cofféa arabica*) est un arbrisseau toujours vert, dont les feuilles opposées, lancéolées, ressemblent à celle du laurier; les fleurs, situées à l'aisselle des feuilles, sont blanches et odoriférantes; le fruit est une baie rouge de la grosseur d'une cerise renfermant deux graines, plates d'un côté, légèrement sillonnées, que tout le monde connaît aujourd'hui, car les magasins d'épiceries en sont abondamment pourvus. Une torréfaction légère et graduée développe dans cette graine un arôme très agréable et une saveur pénétrante.

Certains médecins prétendent que le café, pris en boisson, est nuisible à la santé; d'autres, au contraire, affirment que c'est un stimulant actif, qui développe l'imagination et convient aux pen-

seurs et aux écrivains. On peut bien admettre que
le café ne convient pas à tous les tempéraments et
qu'ici encore, il faut suivre les principes de l'hy-
giène : en boire s'il nous procure quelque bien,
s'en abstenir s'il nous est contraire.

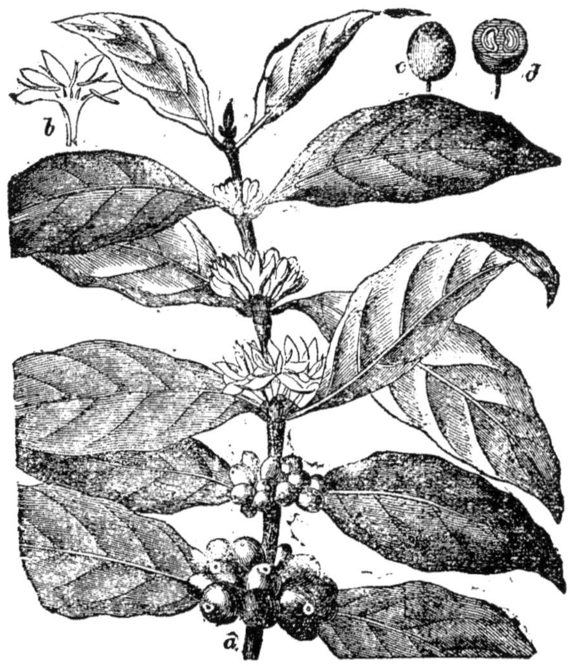

Fig. 3. — Café.

a. Tige. — *b*. Fleur ouverte. — *c*. Grain. — *d*. Coupe du grain.

Le Caféier paraît être originaire de l'Abyssinie;
cultivé ensuite en Arabie, il franchit les mers, en-
vahit les Indes, les Antilles, l'île de Java et surtout

le Brésil, qui en fait un commerce très important [1].
La graine de café fit son apparition, à Paris, sous
Louis XIII. Délaissé sous Louis XIV, — question
de mode, le roi n'aimait pas cette boisson, les
courtisans devaient la trouver détestable, — elle
reparut, mais en grande faveur sous Louis XV. Aujourd'hui, l'usage du café est passé en habitude:
on le boit avec délices dans les cinq parties du
monde.

Le Café de Moka surpasse tous les autres en
qualité, mais comme il coûte fort cher, on se rejette
sur des qualités inférieures. Si vous avez affaire à
une maison honnête qui ne vende pas de la féve-
rolle torréfiée pour du café, demandez lui le mélange
suivant et vous m'en direz des nouvelles :

Pour un kilogramme on prend : 250 grammes de
moka, 250 grammes de Bourbon et 500 grammes de
Martinique. Mais, je vous le répète, adressez-vous
à une maison honnête : le Bourbon ressemble tellement au Moka!.....

Nous ne quitterons pas les forêts de l'Amérique
sans faire connaissance avec le *Quinquina* qui,
avec la pomme de terre, sont les deux végétaux
les plus précieux dont le nouveau monde ait doté
l'Europe. « La providence en nous indiquant le tu-
bercule alimentaire qui s'est propagé sur tout le
globe a voulu préserver, à l'avenir, les nations
de la famine ; en permettant à l'homme de décou-

---

[1] Les caféières du Brésil occupent plus de 6,000,000 d'hectares de
terrain et comptent plus de 600,000,000 de plants. (*Etats de l'Atlantique*, par de Fonperthuis ; Degorce-Cadot, Editeur.)

vrir le Quinquina, elle lui a donné pour auxiliaire, dans les maladies, le plus énergique des médicaments. » (Lemaout.)

Le Quinquina est un arbrisseau toujours vert que l'on rencontre dans les vallées des Andes tropicales. Le tronc et les branches sont cylindriques, mais les jeunes pousses sont quelquefois tétragones ; les feuilles sont opposées, veinées, pétiolées, munies de stipules caduques ; les fleurs sont disposées en panicules terminales ; la corolle pourvue de cinq étamines et d'un style bifide, est blanche, ou grise, ou jaune, ou rosée, ou purpurine suivant les espèces et les variétés qui sont nombreuses : il y a en effet le Quinquina jaune, le Quinquina gris ; le Quinquina blanc et le Quinquina rouge ; chacune de ces espèces comprend plusieurs variétés.

Le Quinquina est le fébrifuge par excellence. C'est dans l'écorce que réside le précieux remède si énergique contre les fièvres intermittentes. En effet, cette écorce est amère et contient deux alcalis : la *quinine* et la *cinchonine,* unies à un acide nommé *kinique ;* elle contient en outre plusieurs matières colorantes, de l'amidon, de la gomme, etc. Ce n'est qu'en 1820 que les chimistes sont parvenus à extraire de cette plante la quinine et la cinchonine, ces deux agents si énergiques. Avant cette découverte, le quinquina s'administrait soit en poudre, soit en décoction, soit mélangé avec du vin.

Toutes les découvertes utiles ont eu leur légende, pourquoi celle du Quinquina n'aurait-elle pas la sienne? Aussi les Indiens de Laxo [1] racontent-ils encore aujourd'hui à qui veut les entendre, devoir la connaissance des propriétés de cette plante à des bêtes fauves qui, lorsqu'elles étaient tourmentées de la fièvre, étaient poussées par leur instinct à ronger, pour se guérir, l'écorce des arbres; cette version en vaut bien une autre. Qui donc a indiqué au chien et au chat l'usage du chiendent pour se faire vomir? Qui a dit au *Guara* que la racine d'Ipécacuanha était un émétique énergique et au Crapaud que le plantain était un antidote du venin de l'Araignée?

Ce qui paraît certain, c'est que les Indiens de Malacatos [2] connaissaient les propriétés du Quinquina, longtemps avant la conquête du Pérou par les Espagnols; ce fait est confirmé par Joseph de *Jussieu*, envoyé, comme je vous l'ai dit dans un de mes entretiens précédents, en mission scientifique en Amérique.

Plusieurs autres traditions subsistent encore dans ces contrées du nouveau-monde, notamment celle de ce prêtre de la compagnie de Jésus qui, tourmenté par une fièvre intermittente, en aurait été guéri par un cacique Indien. Hélas! quelques années après; un autre chef Indien était récompensé de cette belle action par l'anéantissement de sa race, anéantissement auquel avaient puissamment contribué les prêtres Espagnols [3]. Mais la version la

---

[1] Petite ville de la Nouvelle-Grenade
[2] Village à quelques lieues de Loxa
[3] Lire les *Incas* par MARMONTEL.

plus répandue rapporte, qu'en 1638, la femme du vice-roi du Pérou, Jéroma Fernand de Cabrera, comte de Chinchon, étant atteinte d'une fièvre intermittente en fut guérie par un Corrégidor de Loxa qui fit prendre à la vice-reine du Quinquina. Celle-ci, à son retour en Espagne, fit ample provision de l'écorce salutaire qu'elle distribua aux fiévreux : « de là le nom de *cinchona* donné plus tard par Linné, au genre qui nous occupe. » (Lemaout.)

Un remède si prompt et surtout si efficace devait être mal vu des disciples d'Hippocrate ; qu'allaient devenir toutes les formules presque cabalistiques de la pharmacopée alors en vogue, qui, dans un seul remède, faisait entrer jusqu'à trente drogues? Une cabale est montée contre le remède exotique ; du haut de sa chaire la Faculté le condamne et les médecins qui en ordonnent l'usage sont persécutés. Ce n'est que quarante ans plus tard que la fièvre, mais une fièvre royale, prend fait et cause pour la drogue nouvelle.

« Un empirique anglais, nommé Talbot, avait délivré Louis XIV d'une fièvre intermittente très rebelle, à l'aide d'un remède secret qui avait déjà guéri un grand nombre de personnes ». Un remède qui guérissait si promptement un roi, devait être un *remède souverain!*.. « Louis XIV lui acheta son secret 48,000 livres, lui fit une pension viagère de 2,000 livres et l'anoblit; le remède fut, trois ans après, publié par son ordre : ce remède consistait en une teinture vineuse de quinquina très concentrée. » (Lemaout.)

C'est à dater de cette époque seulement que la France reçut du Quinquina en écorce. Eh bien ! cette munificence du Roi-Soleil me réconcilie un peu avec Sa Majesté ; elle contribuera plus à sa gloire que ce fameux passage du Rhin auquel il assista des hauteurs de .... son palais de Versailles.

Eh ! voyez mes enfants, à quoi tiennent les choses ! Sans le dérangement intestinal du Dauphin, l'Ipécacuanha, nous serait peut-être encore inconnu ; sans le frisson fiévreux du Grand Roi, le codex aurait-il fait grâce au Quinquina ?...

Malheureusement une exploitation mal dirigée tend à faire disparaître cet arbuste des forêts péruviennes, et si les efforts d'un savant dévoué, — M. Morin, fils du général de ce nom, — ne parviennent pas à repeupler ces contrées si maladroitement dévastées, c'en est fait du Quinquina ; il nous faudra, comme sous le premier Empire, avoir recours à ses succédanés : l'écorce de Chêne, la Camomille et la Gentiane.

Dans une prochaine causerie je vous ferai connaître ces plantes.

TROISIÈME ENTRETIEN

DE LA REPRODUCTION. — LYCHNIS. — DIANTHÉES. — SAPONAIRE. — MOURON.

Nous avons vu précédemment que tout ce qui a vie doit mourir ; que les végétaux comme les animaux ont une existence limitée, très longue pour certaines espèces, comme le Dragonnier de l'île de Ténériffe, très limitée pour d'autres, qui ont à peine le temps de naître, de fleurir et de mourir ; que serait-il donc arrivé si la nature n'avait remédié à cet état de choses en donnant aux plantes la faculté de se reproduire ? On peut donc dire que la *reproduction est la fonction par laquelle un végétal produit des individus semblables à lui-même pour en perpétuer l'espèce.*

La reproduction peut s'opérer de deux manières soit en divisant la plante elle-même : boutures, marcottes, greffes, etc. ; soit par les graines. Nous ne nous occuperons que de ce dernier mode, le premier étant plutôt un moyen de multiplication que de reproduction.

La reproduction par le moyen des graines comprend cinq périodes, savoir : La *floraison*, la *fécondation*, la *maturation*, la *dissémination* et la *germination*.

Nous savons en quoi consiste la floraison.

Vous n'avez pas oublié, mes jeunes amis, que les organes de la reproduction sont renfermés dans la fleur; que ce qu'on est convenu d'appeler les organes mâles sont les étamines composées d'un filet et d'une anthère renfermant le pollen, et que les organes femelles sont les pistils, composés de l'ovaire, du style et du stigmate, et j'ai lieu de croire qu'il suffirait de vous montrer ces divers organes pour que vous les reconnussiez immédiatement.

Prenons cette tige de *Lychnis*. Ce nom en grec signifie *lampe*. — Il lui aurait été donné, ajoutent les naturalistes, parce que les feuilles de cette plante servaient à faire des mèches de lampes. Je ne vous garantis pas l'authenticité de cette étymologie.

Voici une fleur non épanouie encore, elle n'a pu être fécondée. Choisissons-là de préférence et analysons-là. Le calice est monosépale, fortement ventru et à cinq dents; la corolle est à cinq pétales, longuement onguiculés et à limbe échancré. Déchirons ce calice et arrachons ces pétales afin de mettre à nu l'ovaire posé sur le réceptacle comme une urne sur un pilastre. Tiens ! je vois bien cinq filets, couronnant comme une aigrette divergente et gracieuse, l'ovaire, ce sont les pistils, mais nulle trace d'étamines. C'est que nous sommes tombés

sur le *Compagnon blanc* (*Lychnis dioïca*) et que
le pied que nous analysons n'a que des fleurs
femelles : les fleurs staminées sont sur un autre
pied ; coupons transversalement l'ovaire déjà très
développé ; il est à une seule loge, mais quelle
quantité de petits grains blanchâtres et visqueux
il renferme ! Ce sont les ovules qui deviendront
la graine, mais à une condition, c'est que le *pollen*
des étamines pénétrera jusqu'à eux pour les fé-
conder.

Pourquoi ce contact est-il nécessaire, me deman-
derez-vous ? C'est encore là, mes enfants, un de
ces mystères, un de ces secrets que la science
humaine n'a pu approfondir. Pourquoi, pour germer,
le grain de blé a-t-il besoin d'air, de chaleur et
d'humidité ?

Examinons maintenant comment s'accomplit ce
qu'on est convenu d'appeler la fécondation, ou
plutôt pour être mieux compris de vous, comment
le pollen des étamines peut être mis en contact
avec les ovules renfermés dans l'ovaire.

Quand les fleurs sont hermaphrodites, c'est-à-
dire quand elles renferment, tout à la fois, les étamines et le pistil, rien n'est plus simple. Au moment
où s'épanouit la corolle, les anthères se déchirent
et laissent échapper cette espèce de poussière
nommée pollen ; elle est recueillie par le pistil,
qui, au moyen du style, son conduit naturel, la
communique à l'ovaire. Mais lorsque, comme dans
la plante qui nous occupe, les étamines et le pistil
sont sur des pieds différents, il faut que ce soient

les insectes ou le vent qui transportent du pied pourvu de fleurs mâles à celui pourvu de fleurs femelles, la poussière fécondante.

Eh ! voyez, mes jeunes amis, combien les vues de la nature se manifestent jusque dans les plus petites choses ! Le *Lychnis dioïca* est odorant le soir, c'est le seul du genre ; le parfum qu'il exhale et qui attire la myriade de petits êtres, la plupart microscopiques, qui ne vivent que des fleurs, ne semble-t-il pas leur dire : « Venez, ma coupe est pleine, et je suis seule ! Qu'ai-je donc fait à la nature pour qu'elle me sépare ainsi de ma compagne bien-aimée ? Pourtant je suis l'emblème de la sympathie ! Pour vous je distille les parfums les plus délicats. Buvez, enivrez-vous du nectar que je porte dans mon sein, c'est la boisson des Dieux. Puis, ô messagers célestes ! volez près de ma sœur —, vous la reconnaîtrez à son doux parfum, — dites-lui combien je l'aime, combien je souffre de notre séparation et emportez pour elle, sous vos pattes, sous vos antennes — oh ! c'est un dépôt bien précieux que je vous confie, c'est mon âme, c'est ma vie, — emportez cette poussière bienfaisante qui devra perpétuer notre race. »

A peine l'acte de la fécondation accompli, la corolle se fane, puis les étamines, puis le pistil ; toute la sève se porte sur l'ovaire qui renferme la graine : c'est la *maturation*. La graine mûre, l'ovaire se déchire, la *dissémination* s'opère et la semence jetée dans l'espace, si elle est pourvue d'aigrettes, transportée par les oiseaux, les qua-

FIG. 3 *bis*. — Rhubarbe.

drupèdes, les torrents, les mers, etc., si elle en est dépourvue, va, aux quatre coins du monde, prendre possession du sol et donner naissance à d'autres végétaux : c'est alors qu'a lieu la *germination*.

Pour que cette fonction s'opère, il faut, à la graine le contact de l'*eau* qui ramollit les enveloppes, fait gonfler l'embryon et dissout les sucs nécessaires à sa nutrition ; de l'*air* qui agit par l'oxygène qu'il contient, enfin de la *chaleur* qui paraît agir comme stimulant.

Dès qu'une graine se trouve placée dans ces conditions, elle absorbe l'humidité et se gonfle ; ses enveloppes se ramollissent et ne tardent point à se rompre ; la *radicule* s'allonge la première et se dirige vers l'intérieur de la terre. La *plumule* se redresse, s'allonge aussi, mais pour se porter vers la surface et s'élever dans l'atmosphère. Les *cotylédons* s'étalent et, mamelles de la plante, ils se flétrissent et meurent après avoir fourni au végétal ses premiers éléments. Alors la germination est achevée ; le nouveau-né peut manger seul ; il puisera désormais sa nourriture dans le sol à l'aide de ses racines, et dans l'air à l'aide de ses feuilles.

Nous avons dit précédemment que la reproduction se faisait également par *éclats* ; c'est-à-dire en divisant les pieds. Ce genre de reproduction n'a lieu que pour certaines plantes généralement d'origine étrangère qui, quoique acclimatées chez nous, ne produisent pas par graines des sujets tout à fait identiques à la plante mère, entr'autres la *Rhubarbe* (fig. 3 *bis*, page 33).

La *Rhubarbe palmée* (Rheum palmatum), est originaire de la Chine. Cette plante aux formes gigantesques, quoique herbacée, placée dans un sol argilo-sableux et un peu frais, élève son majestueux panache jusqu'à 3 mètres de hauteur; ses feuilles, les radicales surtout, longuement pétiolées, sont légèrement palmées ; mais quelles feuilles, quels éventails, quels parasols : plus de 50 centimètres de diamètre !... Peu de plantes sont aussi ornementales que la Rhubarbe, dont les touffes atteignent, de mai en août, jusqu'à 2 mètres de diamètre; mais ce n'est pas là son seul mérite, car à l'élégance elle joint l'utile. L'artculinaire s'est emparé du pétiole des feuilles dont on fait des tartes, des confitures, et la racine, séchée et pulvérisée sous un mortier, est un léger purgatif; divisée et macérée dans l'eau, elle réveille et stimule l'action digestive de l'estomac.

On cultive en France plusieurs variétés de cette plante : le Rheum australe, le Rheum Emodi, le Rheum undulatum, le Rheum Palimatum et beaucoup d'autres, obtenus soit par l'hybridation, soit par la sélection, soit par les différentes manières de les cultiver ; mais la racine dont les propriétés médicinales sont toujours les plus énergiques quand elle n'a pas été changée en route et colorée avec du *Safran des Indes*, est celle de la Rhubarbe qui nous est expédiée de la Chine. Ajoutons que la Rhubarbe appartient à la nombreuse famille des *Polygonées* et qu'elle est très proche parente de l'*Oseille*, de la *Patience*, du *Sarrasin*, de la *Bistorté*, voire même de la *Persicaire* et des *Trainasses*.

Le Lychnis, dont nous venons de faire la description appartient à la famille des Cariophyllées ou Dianthées. Cette famille est elle-même divisée par certains botanistes en deux tribus : les *Silénées*, ainsi nommées à cause de leur calice ventru comme on représentait le vieux Silène conduisant l'âne sur lequel était monté Bacchus, et les *Alsinées*.

Les Silénées comprennent les genres suivants : *Dianthus* ou œillet, dont on fait l'emblême de l'affection vive et pure, et dont plusieurs espèces sont cultivées dans les jardins pour la beauté de leurs fleurs et de leur parfum. Les confiseurs font avec cette plante, une liqueur agréable connue sous le nom de *ratafia d'œillet*. Parmi les autres genres, nous citerons la *Saponaire (saponaria officinalis)*, plante indigène dont la racine contient une matière moussant avec l'eau, comme le savon. Toutes les parties de la plante contiennent en outre un principe amer, d'une saveur âcre et brûlante qui fait considérer la plante comme tonique et dépurative : les Lychnis, la Nielle des Blés [1], la Croix de Jérusalem, les Œillets mêmes passent pour avoir les mêmes propriétés.

Les Alsinées qui comprennent les genres *Spergula, Cerastium, Stellaria, Arenaria, Alsine*, et *Sagina*, sont sans intérêt, tant au point de vue médical qu'au point de vue horticole : la stellaire

---

[1] Ne pas confondre avec la Nigelle.

seule est assez jolie avec ses feuilles en étoiles ou-verticilles et ses fleurs d'un blanc pur qui cons-tellent d'étoiles blanches le fond vert de nos taillis et de nos haies.

Mais pourquoi ne vous parlerai-je pas du mouron? Est-ce parce qu'il est partout sous nos pas : dans les champs, sur les chemins, sur l'humble toit de chaume comme dans le jardin du plus somptueux palais ; partout enfin où habite le passereau si avide de sa graine ? Suivant le précepte de Jean-Jacques, nous allons établir la monographie de cette petite cariophyllée.

Nous savons que partout il habite ; qu'il fleurit depuis le premier jour du printemps, jusqu'au der-nier rayon de soleil de l'automne.

Le *Mouron des Oiseaux* (*Alsine Media*) est une petite plante rampante dont la fleur blanche est portée sur des pédoncules axillaires et dont la tige est marquée de lignes de poils allant d'un nœud à l'autre. La fleur se compose d'un calice à cinq divisions, d'une corolle à cinq pétales bifides, de trois à dix étamines, de trois styles et d'une capsule à une loge, sorte de bonbonnière à l'usage des petits oiseaux. Certains botanistes assurent que cette plante est officinale, vulnéraire..... pour les oiseaux sans doute qui en usent jusqu'à satiété et ne s'en portent pas plus mal.

QUATRIÈME ENTRETIEN

VEILLE ET SOMMEIL. — ANECDOCTE DES FEUX FOLLETS. — HORLOGE DE FLORE

Je vais bien vous étonner, mes jeunes amis, en vous disant que les plantes sommeillent ; rien n'est plus vrai cependant.

C'est surtout la nuit ou lorsqu'elles sont privées de lumière que, comme de simples mortelles, pelotonnées dans leurs feuilles, bercées par les zéphirs, elles s'abandonnent aux douceurs du repos pour réparer leurs forces. Ne me demandez pas, par exemple, si leur sommeil est paisible ou agité ; si les rêves les plus roses aux ailes d'azur viennent caresser leur couche verte et moussue, si richement ornée par la fraîche aurore ; ou bien, si un cauchemar, un affreux cauchemar ne vient pas troubler leur repos sous la forme d'un ruminant prêt à les dévorer ; sous les traits d'un *botanomane* ennuyeux et pédant prêt à les disséquer ou à les étouffer entre deux feuilles de papier Joseph ; ou bien, ce qui est plus effrayant encore, sous la figure d'un chimiste impitoyable s'apprêtant à les jeter à l'alambic : ces savants n'ont pitié de rien ! ils distilleraient le diable, s'ils y croyaient encore, pour savoir ce qu'il a dans les cornes.

Ce fut Linné qui, le premier, fit la découverte du sommeil des plantes, et voici comment :

Il avait reçu d'un botaniste de Montpellier un pied de *Lotus Pied d'oiseau* et, dans la journée, il l'avait vu fleurir. Pendant la nuit suivante, étant entré dans la serre où se trouvait cette plante, il ne trouva plus la fleur sur sa tige ; l'avait-on coupée? — Le lendemain, au jour, la fleur était en place. Justement intrigué, Linné revint la nuit suivante, la fleur avait encore disparu, et le lendemain, au jour, elle avait reparu. Comment expliquer ce mystère ? Redoublant de surveillance, il s'aperçut que, vers le soir, les feuilles du Lotus, voisines de la fleur, se refermaient, se rapprochaient, et, l'enveloppant tout entière, la dérobaient aux regards. Désormais l'infatigable chercheur n'aura plus de repos.

Chaque nuit, Linné s'arrache au sommeil, parcourt son jardin dans tous les sens et acquiert la certitude que beaucoup de végétaux présentent le même phénomène et, qu'en l'absence de lumière, les plantes changent tellement de physionomie qu'elles sont difficiles à reconnaître. Dans un mémoire publié en 1755 (*Somnia plantarum*), le savant botaniste fait connaître au monde le résultat de ses observations.

Ce sont surtout les feuilles composées qui offrent

le plus de différence entre la veille et le sommeil ; mais la position qu'elles prennent relativement au pétiole ou à la tige varie suivant les espèces et c'est dans les genres suivants que ce phénomène se produit d'une manière plus sensible? le Trèfle incarnat, le Mélilot, le Baguenaudier, le Cassia, les Mimosées, les Atriplex, les Œnothères, le Siéda, le Lupin blanc. Les Mauves roulent leurs feuilles en cornets ; la Gesse, le Pois de senteur, la Fève des marais appliquent pendant la nuit, leurs feuilles l'une contre l'autre et semblent dormir ; le Robinia laisse, pendant la nuit, ses feuilles pendantes, elles se relèvent au fur et à mesure que le soleil monte ; enfin, le Mouron des oiseaux, ferme exactement ses feuilles pendant la nuit et ne les ouvre qu'au matin. Il semble que, dans son état de sommeil, la feuille veuille se rapprocher de la position qu'elle occupait dans son jeune âge alors que, chaudement calfeutrée dans son bourgeon ouaté, elle ignorait encore les rigueurs des intempéries, imitant en cela l'animal qui, pour dormir, se replie sur lui-même et prend la position qu'il occupait dans le sein de sa mère.

Des expériences faites par M. de Candolle ont prouvé que, pour l'Oxalis et la Sensitive, la privation de lumière ne suffisait pas pour les faire passer de la veille au sommeil puisque lorsqu'on prolongeait l'obscurité autour de ces plantes, les feuilles reprenaient, à leur heure ordinaire, leur position aturelle, vous voyez, mes enfants, combien la nature déroute encore les savants !...

Comme les feuilles, les fleurs s'ouvrent, se ferment pour se rouvrir encore et semblent sommeiller. A quelle loi de la nature obéissent-elles dans cet acte de leur existence? Cet épanouissement n'a pas lieu indifféremment à tous les instants de la journée, mais, au contraire, à heure fixe et particulière à chaque espèce. Il en est cependant qui restent épanouies pendant plusieurs jours de suite, comme il en est d'autres qui s'ouvrent le matin, se ferment à midi et se flétrissent dans la même journée ; aussi les a-t-on désignées sous le qualificatif de plantes *éphémères* ; les Cistes, les Lins épanouissent leurs fleurs vers cinq ou six heures du matin et sont flétries à midi.

Ce fut par un berger que j'eus, pour la première fois, connaissance de ce phénomène et la circonstance qui nous mit en relations est si bizarre, si comique même que je ne puis résister au désir de vous la conter. Puisse-t-elle vous servir de leçon !

C'était en 1834, et j'avais onze ans. En ma qualité d'enfant de chœur et d'aspirant communiant, j'étais dans l'obligation d'assister au salut qui avait lieu tous les soirs, pendant le Carême, dans l'église de Sainte-C... distante de P... où nous habitions, d'environ 3 kilomètres. Pensez-donc 3 kilomètres, la nuit, dans un chemin encaissé, sillonné d'ornières profondes, bordé de buissons d'où émergeait, çà et là, d'énormes noyers, maigres, décharnés, étendant leurs grands bras au-dessus de ma route et la coupant d'ombres sinistres. Aussi comme je tremblais en passant près de la Belle-Croix, oui de la Belle-Croix, la terreur des habitants ; de la Belle-Croix où les âmes des trépassés se donnaient rendez-vous pour y danser en rond et faire le sabbat : j'entends celles qui n'avaient pu fléchir saint Pierre, l'incorruptible concierge du Paradis.

Un soir, c'était un vendredi et un 13 (le 13 mars) — oh! je n'oublierai jamais cette date, — ; la lune voilée par de légers nuages éclairait de sa lumière blafarde les objets qui bordaient ma route : c'étaient autant de fantômes qui remuaient, qui chuchotaient, mais dans un langage que je ne comprenais pas. Le vol d'un oiseau, le frôlement d'une feuille morte, me causaient des frayeurs terribles ; j'avais peur de mon ombre qui s'allongeait, qui s'allongeait... Les chardons, dans la plaine, couraient, sautillaient ; que dis-je ? ils volaient... La chouette, la lugubre chouette, blottie dans le creux d'un noyer faisait entendre son *houhoulement* sinistre et ce cri ajoutait encore à ma terreur... J'avançais à peine, doucement, bien doucement, cependant j'avançais, car le dernier coup de cloche faisait entendre son tintement monotone : *don, don, don* : c'était le dernier appel aux retardataires. Je ne devais pourtant pas arriver en retard, que dirait M. le curé? M'armant de courage, je m'élance sur le tronc d'arbre, espèce de pont rustique jeté en travers de la Voulzie, quand j'aperçois sautillant devant moi, dans la prairie, un, deux, trois esprits follets, trois *culards*, et se projetant sur le blanc du sentier, coiffée d'un large chapeau, une grande ombre noire se dirigeant vers moi. Tous les diables dont m'avaient parlé la mère Brigitte et M. le curé me reviennent à l'esprit, et ma maraude dans le clos du père Joachim. — si j'avais pu lui rendre ses cerises ? — et la mort de ce pauvre Médor, le chien de la mère Roch, un affreux roquet que j'avais sacrifié à ma vengeance en lui faisant avaler des épingles pour le punir de m'avoir pincé les mollets ; — pauvre Médor, si j'avais pu soulager ses souffrances ! — Ahuri de peur, bourrelé de remords, car ma conscience commençait à me crier : gare ! plus mort que vif, je recule ; mon pied glisse, la perche qui servait de garde-fou casse et me voilà dans deux mètres d'eau. Le bain froid et l'instinct de la conservation calment bientôt mon imagination complètement dévoyée ; j'appelle au secours ; mais déjà la grande ombre noire tendait vers moi une main secourable que je saisissais avec empressement : j'étais sauvé.

« — Eh bien ! mon gars, comment trouves-tu la douche ?

— Ah, M. Pamphile ! mon bon monsieur Pamphile, sans vous j'étais noyé !... C'était donc vous qui veniez dans la sente ? Mais vous étiez si grand !... vous paraissiez si grand, que... et ces maudits Culards ! — Ah ! je comprends, tu as eu peur et en voulant fuir un danger imaginaire tu es tombé dans un danger réel. Vois-tu, mon ami, la peur est une mauvaise conseillère. . Allons, remets-toi sur pied et filons. »

Chemin faisant, je lui fis part de ma terreur et de mes remords. Une demi-heure après, une bourrée de sarments pétillait dans l'âtre paternel pour réparer le désordre de ma toilette, tandis que les tendres caresses de ma mère et une chaude rôtie au sucre me rassérénaient l'esprit et l'estomac.

M. Pamphile, plus connu dans le pays sous le nom de père Pamphile, était le berger de la ferme de Champ-Benoît. Descendu des hauteurs des Alpes, depuis plus de vingt ans, il avait pour ainsi dire pris racine dans nos contrées et avait su s'y faire aimer. Sa mise toujours décente, ses manières distinguées sous son ample manteau de bure, ses connaissances profondes en histoire naturelle et dans l'art de soigner les animaux, dénotaient chez lui une éducation et une instruction bien au-dessus du modeste emploi qu'il occupait. Au lieu de rire de ma mésaventure il me sermonna un peu sur ma pusillanimité, me fit comprendre que le diable n'était qu'un mythe inventé par les *malins* pour effrayer les gens crédules et leur arracher un secret ou leur soutirer quelque monnaie, quelquefois pour capter leur héritage ; que les morts ne reviennent pas et que les prétendus revenants de la Belle-Croix n'existaient que dans l'imagination de ceux qui avaient intérêt à exploiter la bêtise humaine ; enfin que les *culards* ou *feux follets* étaient choses naturelles et fréquentes surtout dans les cimetières ; que c'étaient des émanations gazeuses et phosphorescentes qui, en s'échappant du sein de la terre, s'enflammaient ; que ces météores ne duraient que quelques instants et que le ricanement que les gens crédules croyaient entendre n'étaient que le crépitement produit par la combustion du gaz ; et il ajouta pour me rassurer complètement : — Les culards que tu as vus, je les voyais également et n'en étais nullement effrayé, et s'ils semblaient fuir devant moi comme des *possédés* poursuivis par un goupillon d'eau bénite, c'est que, plus subtils et plus légers que l'atmosphère, ils étaient poussés par la colonne d'air que je déplaçais. Les matières en putréfaction, — et notre pauvre enveloppe humaine une fois confiée à la terre ne fait pas exception, — dégagent beaucoup de ces gaz. Quant à l'âme, plus subtile encore, pur esprit sans doute, car elle tient de la source divine d'où elle émane, je crois sincèrement à son immortalité, et Dieu seul sait ce qu'elle devient.

Il s'étendit plus que je ne m'y attendais sur l'énormité de la faute que je lui avais avouée concernant ce pauvre Médor : « Pourquoi, me dit-il, s'attaquer ainsi à de pauvres bêtes qui souffrent comme nous et qui seraient toujours inoffensives si l'on ne les provoquait ; c'est lâche et méchant ! Et puis, ajouta-t-il, les lois humaines punissent semblable délit et tu étais passible de la police correctionnelle. Grâce à l'estime dont jouit ton père, tu as échappé à la justice humaine ; mais tu n'as pas échappé à celle de ta conscience, ce cri de l'âme qui te reprochait ta faute, au moment du danger et décuplait ta peur. Profite de la leçon, mon ami, et sache qu'aucune de nos mauvaises actions ne reste impunie. »

Le père Pamphile avait raison. Le remords poursuit le coupable et ne lui laisse aucun répit. La conscience est ce regard terrible et inexorable qui plonge jusque dans les replis les plus cachés de notre âme, pour nous montrer sans cesse et dans toute son horreur, l'énormité de notre faute. Voilà, mes jeunes amis, cet enfer dont parlent les poètes ; voilà ce feu terrible qui, vivant, nous dévore, et qui torturera notre âme par delà le tombeau; c'est ce qu'a si bien exprimé notre grand poète national dans un morceau sublime: *La Conscience*. En voici l'analyse.

Caïn vient de tuer son frère Abel, et Jéhovah l'a chassé de sa présence. Ne voulant pas continuer d'habiter des lieux où chaque objet lui rappelle son crime, il fuit dans le désert, croyant y trouver le calme et l'oubli ; mais l'œil accusateur de Dieu l'y poursuit. Il élève sa tente et se cache derrière la toile: l'œil apparaît encore. Aidé des siens, il élève une ville dont les murs sont d'airain, et, au milieu, une tour dans laquelle il s'enferme :

« Sur la porte on grava : *Défense à Dieu d'entrer* » mais le regard de Dieu l'y poursuit encore.

> « Alors il dit : « Je veux habiter sous la terre
> « Comme dans son sépulcre un homme solitaire ;
> « Rien ne me verra plus, je ne verrai plus rien. »
> On fit donc une fosse, et Caïn dit : « c'est bien ».
> Puis il descendit seul sous cette voûte sombre ;
> Quand il se fut assis sur *la dalle*, dans l'ombre
> Et qu'on eût sur son front fermé le souterrain
> L'œil était dans la tombe et regardait Caïn.

Victor Hugo,
Légende des siècles.

A la prière de mon père, le berger de Ch... prit au sérieux son rôle de précepteur, et les fréquents entretiens que j'eus avec lui n'ont pas peu contribué à développer en moi les dispositions que j'avais pour l'étude des sciences naturelles.

— Père Pamphile, lui demandai-je un jour que nous étions aux champs, vous n'avez pas de montre comment pouvez-vous connaître l'heure lorsque, perdu dans la plaine ou sur les monts, vous ne rencontrez âme qui vive ?

— N'ai-je pas l'horloge de la nature ? et il se mit à me faire l'énumération des plantes qui, par leur épanouissement, marquent les heures du jour.

Cette nomenclature établie par l'immortel Linné, refondue par de Candolle pour les plantes de France a reçu des botanistes le nom d'*horloge de Flore* je vais vous la faire connaître. — Mais repris-je, la nuit, quand les plantes sommeillent ? — La nuit, j'ai ces lampes merveilleuses suspendues sur nos têtes et dont la marche est si bien réglée que depuis le jour où elles furent lancées dans l'espace elles ne se sont pas dérangées d'une minute. De cette réponse, je conclus, qu'à l'exemple des pasteurs de l'Egypte et de la Chaldée, le père Pamphile s'était livré à l'étude de l'astronomie et que le pâtre de Ch... était doublé d'un philosophe et d'un savant.

HORLOGE DE FLORE

S'épanouissent :

De 3 à 4 h. du matin... Le Liseron des haies, le Salsifis des prés.
A 5 h. du matin .... Le pavot à tige nue, la plupart des Chicoracées, la Crèpide des toits.

De 5 à 6 heures .... La Lampsane commune, la Belle-de-jour,
                           le Pissenlit.
A 6 heures........... Plusieurs Solanum.
De 6 à 7 heures....... Les Laitrons, les Epervières, la Crépide
                           rouge.
A 7 heures........... Les Nénuphars, les Laitues, le Souci des
                           jardins.
De 7 h. matin à 3 h. soir. Le Miroir de Vénus, le Mésambrianthème
                           barbu.
A 8 heures........... Le Mouron des champs.
A 9 heures........... Le Souci des vignes, l'Œillet des pelouses
                           sèches.

Commencent à se fermer :

De 9 à 10 heures....... La Glaciale, le Salsifis des prés, le Pissenlit
                           et les Chicorées.
A 11 heures........... Le Pourpier, la Dame d'onze heures, les
                           Labiées.
A midi............... La plupart des Ficoïdes et toutes les plantes
                           qui demandent une grande intensité de
                           lumière.
A 2 heures........... Le Scilla Sameridiane.
Entre 5 et 6 heures .... Le Silène noctiflore.
Entre 7 et 8 heures .... Le Cierge à grandes fleurs, l'Œnothère
                           odorant.
A 10 heures...... ..... Le Convolvulus pourpre.

CINQUIÈME ENTRETIEN

AUTRES PHÉNOMÈNES OBSERVÉS DANS LES PLANTES

MOUVEMENT. — CALORIFICATION. — PHOSPHORESCENCE. — COLORATION. — ODEURS. — SAVEURS. — PERVENCHE. — GOBE-MOUCHES

DU MOUVEMENT. — Nous savons que les végétaux attachés au sol par leurs racines, ne peuvent changer de place, ne peuvent se mouvoir, quoique certaines de leurs parties ne soient pas condamnées à l'immobilité absolue.

Dans l'entretien précédent, je vous ai montré des feuilles se repliant sur leurs pétioles lorsqu'elles sont privées de lumière ; mais il en est d'autres qui par les mouvements qu'elles exécutent, même pendant la veille, paraissent douées de sensibilité. Le *Sainfoin oscillant (Désmodium Gyrans)* de la famille des légumineuses, originaire du Bengale et qu'on ne trouve en France que dans des serres, accuse des mouvements continus qui semblent dépendre de la température plutôt que de la lumière, attendu que plus la température est élevée, plus les mouvements sont accentués. La feuille est composée de trois folioles ; les deux latérales, plus petites que celle du milieu, s'élèvent et s'abaissent alternativement, comme le feraient les bras d'un télégraphe, système des frères Chappe, et ce mouvement s'exécute la nuit comme le jour. La foliole du milieu suit les influences de la lumière, c'est-à-dire qu'elle s'abaisse dans l'obscurité pour ne se redresser que lorsque reparaît la lumière.

La *Sensitive* que tout le monde connaît par les mouvements qu'elle exécute lorsqu'on la touche est aussi une plante de la famille des légumineuses. Sa sensibilité ou plutôt son irritabilité est telle, qu'à la moindre cause, même la plus légère, ses folioles se rabattent et s'imbriquent les unes sur les autres, le long de leur pétiole qui s'incline à son tour pour ne se relever que quelques instants après quand la cause qui les avait fait s'incliner a disparu.

La Sensitive, que les poètes ont fait l'emblème de la pudeur, est originaire de l'Amérique. Cette plante a fait pendant longtemps l'amusement des salons, en raison des épreuves auxquelles on soumettait les jeunes filles ingénues et crédules.

> Une plante, ô prodige ! à l'éclat de ses charmes
> Unit, de la pudeur, les timides alarmes ;
> Si d'un doigt indiscret vous osez la toucher
> Tout s'agite, la feuille est prompte à se cacher,
> Et la branche mobile, aux mêmes lois fidèle,
> S'incline vers la tige et se range auprès d'elle.
>
> CASTEL.

Nous ne parlerons pas des mouvements que font certaines parties de la fleur, au moment de son épanouissement, cela nous entraînerait trop loin.

Chez les unes, les pistils s'inclinent vers les étamines ; chez d'autres, ce sont, au contraire, les étamines qui, tour à tour, se redressent vers le pistil. Je ne puis cependant passer sous silence une plante bien remarquable que l'on trouve dans les étangs du midi de la France et de l'Italie et qui fit l'admiration du monde savant.

« La *Vallisnerie spirale (Vallisneria spiralis)* de la famille des Hydrocharidées est une plante dioïque submergée ; la fleur pistillée est portée sur un long pédoncule roulé en spirale ; les fleurs staminées, placées dans son voisinage, sont fixées sur un pédoncule court, et groupées autour d'un axe enveloppé d'un spathe. A l'époque de la fécondation, la Vallisnéria à

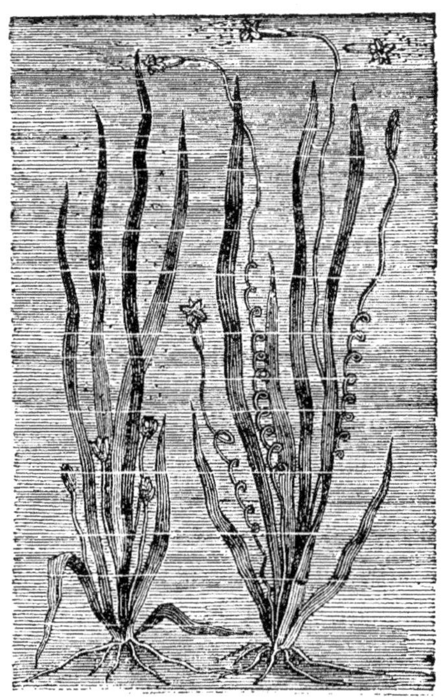

FIG. 4. — Vallisnérie.

pistil allonge sa spirale, et sa fleur vient s'épanouir à la surface de l'eau : alors les fleurs à étamines, excitées par un instinct dont la nature seule à le secret, rompant le pédoncule qui les attachait à l'axe, s'échappent de la spathe qui les emprisonnait, et jouissant enfin d'une liberté qui doit leur coûter la vie, viennent voguer autour de la Vallisnérie à pistil qu'elles ne tardent pas à saupoudrer de leur pollen. Après cette fécondation merveilleuse, la fleur chargée de reproduire l'espèce referme son périanthe, raccourcit sa spirale et descend au fond des eaux, où doivent tranquillement mûrir les graines renfermées dans son sein. » (LEMAOUT.)

L'*adoxa Moschatellina*, vulgairement *Moschatelline*, ainsi nommée à cause de l'odeur de musc qu'elle répand, offre une particularité presque identique ; à mesure que le fruit grossit, le pédoncule s'allonge en se recourbant vers la terre et développe sa spirale jusqu'à ce que le fruit ait atteint le sol et s'y soit implanté de lui-même. N'est-ce pas merveilleux ? quelles précautions a prises la nature pour que son œuvre ne périsse pas !

DE LA CALORIFICATION. — Certaines plantes ont la propriété de produire de la chaleur : ainsi l'*Arum-pied-de-veau* fait élever le thermomètre de 8 à 10 degrés centigrades au moment de sa floraison. Ce phénomène a été observé également sur d'autres plantes.

Il y a également dégagement de chaleur quand la graine germe : c'est ce que l'on observe quand on fait germer du grain en masse, comme cela se pratique pour l'orge destinée à la fabrication de la bière.

Cette chaleur est produite par les phénomènes de composition et de décomposition qui s'opèrent et surtout par la combinaison du carbone avec l'oxygène, qui produit l'acide carbonique ; en un mot elle est produite par la fermentation et est commune à tous les corps organisés. N'a-t-on pas vu un tas de fourrages ou de récoltes, rentrés trop verts ou mouillés, entrer en fermentation au point de prendre feu ? c'est ce que les savants désignent aujourd'hui par les mots de *combustion spontanée*.

Ce phénomène s'observe encore dans la fabrication du vin, surtout comme elle se pratique dans les petits vignobles.

A peine le raisin est-il dans la cuve que le moût entre en fermentation et la quantité d'acide carbonique qui se dégage est si considérable qu'il y a un véritable danger à rester la tête penchée au-dessus du récipient. Vous savez tous ce qui est arrivé l'an dernier au gros Jean-Pierre pour n'avoir pas pris les précautions nécessaires : à peine était-il descendu dans la cuve pour fouler son marc qu'il tombait foudroyé ; ce n'est qu'une heure après que sa femme inquiète de ne pas voir son mari revenir se rendit dans la *vinée* et eut connaissance du malheur qui venait de la frapper.

A ce sujet, je dois vous faire faire une remarque : Plus les bords de la cuve sont élevés, c'est-à-dire plus le moût est loin des bords, plus le danger est grand et en voici la raison : l'acide carbonique étant plus lourd que l'air non vicié reste concentré dans la cuve dont il ne peut s'échapper étant retenu par les bords, aussi malheur à l'imprudent qui s'exposerait à y descendre.

DE LA PHOSPHORESCENCE. — C'est la propriété qu'ont certains corps d'être lumineux dans l'obscurité ; certains animaux sont doués de cette propriété : le ver luisant, certains poissons. La fille de Linné a observé que la *Grande capucine* laissait échapper, le soir, en temps d'orage, des étincelles lumineuses que l'on pourrait comparer à des étincelles électriques. Pourquoi pas ?.. Tout le monde sait que la Torpille (*poisson*) paralyse les mouvements de ses ennemis par des décharges électriques, et que du poil du chat s'échappent, par les temps d'orage, des étincelles semblables en y passant la main.

Eh bien, si l'on en croit l'*Electricien de Londres*, il existerait une plante, le *Phitolacca électrica,* qui ferait concurrence aux gymnotes et aux torpilles. Il paraîtrait que lorsqu'on en coupe une branche, la plante manifeste son mécontentement en vous envoyant une décharge électrique qui vous coupe momentanément bras et jambes.

La *Philotacca électrica* dévierait l'aiguille aimantée, et la rendrait même folle sur son axe. Le journal anglais ajoute que les oiseaux et les insectes ne s'en approchent jamais : c'est à croire.

Un savant étranger, Muller, qui vivait il y a un siècle environ, raconte avoir vu un jour, dans ses pérégrinations scientifiques, une immense clairière couverte de champignons géants qui produisirent instantanément une lumière phosphorescente si intense qu'un instant il se crut au milieu d'un vaste incendie.

Je dois citer encore l'*Euphorbia phosphorescens*, arbrisseau que l'on rencontre près de San Francisco, en Californie, où il forme des bouquets impénétrables, couvrant souvent plus de 300 mètres superficiels. De cette plante découle un suc laiteux qui prend feu de lui-même ; il s'en dégage une immense colonne de fumée épaisse qui s'embrase et brûle avec une flamme vive, claire et bleuâtre. A quelles causes attribuer ces curieux phénomènes qui déroutent encore les savants ?

DE LA COLORATION DES PLANTES. — Encore un phénomène que nous devons nous borner à constater sans pouvoir l'expliquer.

Nous savons, par exemple, que les plantes privées de lumière restent blanches et molles, s'étiolent en un mot ; donc la coloration serait due à la lumière. Mais par quel procédé habile et inconnu, dame nature, ce chimiste incomparable, parvient-elle à fixer ces couleurs si brillantes, si nuancées, si chatoyantes des fleurs de nos parterres ? Pourquoi la plante herbacée est-elle verte ? pourquoi dans certaines espèces de plantes exotiques, les Caladium, les Coléus, etc, les feuilles sont-elles si riches en coloris ?.. Certains naturalistes attribuent cette coloration au carbone et citent à l'appui de leur hypothèse : les *Cuscutes* et les *Orobanches*, plantes parasites, couleur de rouille qui ne décomposent pas l'acide carbonique et qui, pour cette raison, ne sont pas vertes ; mais le *Gui* est aussi un parasite et pourtant ses feuilles sont vertes. Et si la coloration est due au carbone, comment ce seul agent chimique peut-il fixer, ici le jaune, là le rouge, puis le bleu, le violet, l'orange, etc. etc. Autant de questions, autant de mystères devant lesquels nous devons nous incliner sans cesse d'admirer.

Bernardin de Saint-Pierre, l'immortel auteur des *Études de la nature*, écrivait il y a plus d'un siècle, mais plus en poète qu'en chimiste, ces quelques réflexions sur la couleur verte des plantes.

« La verdure des plantes, qui flatte si agréablement notre vue, est une harmonie de deux couleurs opposées dans leur génération élémentaire, du jaune qui est la couleur de la terre et du bleu qui est la couleur du ciel. Si la nature avait coloré les plantes de jaune elles se confondraient avec le sol ; si elle les avait teintes en bleu, elles se confondraient avec le ciel et les eaux. Dans le premier cas, tout paraîtrait terre ; dans le second, tout paraîtrait mer : mais leur verdure leur donne des contrastes très doux avec les fonds de ce grand tableau, et des consonnances fort agréables avec la couleur jaune de la terre et avec l'azur des cieux...

« La nature, non contente de cette première teinte générale, a employé, en l'étendant sur le fond de la scène, ce que les peintres appellent des passages ; elle a affecté uue nuance particulière de vert bleuâtre, que nous appelons vert de mer, aux plantes qui croissent dans le voisinage des eaux et des cieux. C'est cette nuance qui colore en général celle des rivages, comme les roseaux, les saules, les peupliers, et celle des lieux élevés, comme les Chardons, les Cyprès et les Pins, et qui fait accorder l'azur des rivières avec la verdure des prairies, et celui du ciel avec celle des hauteurs. Ainsi, au moyen de cette nuance légère et fuyarde, la nature répand des harmonies délicieuses sur les limites des eaux et sur les profils des paysages, et elle produit encore à l'œil une autre magie, c'est qu'elle donne plus de profondeur aux vallées et plus d'élévation aux montagnes.

« Ce qu'il y a de merveilleux encore en ceci, c'est que, quoiqu'elle n'emploie qu'une seule couleur pour en revêtir tant de plantes, elle en tire une quantité de teintes si prodigieuse, que chacune de ces plantes a la sienne qui lui est particulière et qui la détache assez de sa voisine pour l'en distinguer ; et chacune de ces teintes varie chaque jour, depuis le commencement du printemps où elles se montrent pour la plupart d'une verdure sanglante, jusqu'aux derniers jours de l'automne, où elles paraissent de différents jaunes ». (Bernardin de Saint-Pierre.)

Cette explication ne peut certainement satisfaire les savants et ne nous instruit guère sur les causes physiques de la coloration des plantes ; mais cette peinture a été faite avec un si grand talent d'observation que j'ai cru devoir vous la faire connaître.

Des odeurs. — Encore un effet dont on ignore la cause ! Pourquoi la Violette, l'Œillet et la Rose ont-elles des parfums si agréables, tandis que certaines autres fleurs ont des odeurs insupportables

ou que d'autres en sont complètement dépourvues ?
— Pour que le principe odorant, le parfum soit
perçu, il faut qu'il soit mis en contact avec l'odorat.
Différentes causes peuvent augmenter le principe
odorant : ce sont la chaleur, la lumière, l'habitation,
la culture, différents phénomènes atmosphériques
tels que l'électricité, la pluie ; ces deux dernières
causes surtout.

Linné a classé ainsi les odeurs :

1°	Ambroisie	Musc.
2°	Pénétrante	Tillleul.
3°	Aromatique	Laurier.
4°	Alliacée	Ail.
5°	Puante	Hellébore fétide.
6°	Vénéneuse	Yeble.
7°	Nauséabonde	Tabac.
8°	Piquante âcre	Moutarde.
9°	Saline	Varech.
10°	Balsamique	Benjoin.
11°	Hydrosulfureuse	Choux pourris.
12°	Camphrée	Laurier camphrier.

DES SAVEURS. — Vous savez, mes enfants que les
saveurs se perçoivent par les organes du goût ; il
y en a de bien agréables, comme il y en a de détes-
tables. Pour que la saveur soit appréciable au palais,
il faut que le principe d'où elle émane soit liquide
ou soluble dans l'eau.

On a classé ainsi les saveurs :

1°	Douce	Fraise.
2°	Mucilagineuse	Guimauve.
3°	Fade	Bourrache
4°	Huileuse	Amandes.
5°	Acide	Groseille.
6°	Acerbe	Coing.

7° Astringente	Écorce de chêne.
8° Amère.	Gentiane.
9° Aromatique	Absinthe.
10° Acre	Renoncule.
11° Salée.	Plántes marines.
12° Vireuse ou Nauséuse	Belladone.

Je m'empresserai d'ajouter que chaque plante a sa couleur, sa saveur, son odeur, comme elle a son port, son feuillage qui la font distinguer de telle autre plante. C'est la voix de Jacob, mais ce sont les mains d'Esaü, dit l'aveugle Isaac s'apprêtant à bénir son fils. Et il en est de même dans toute la nature : chaque homme a quelque chose qui le distingue de tous les autres, ou le son de sa voix, ou son port, ou sa démarche, ou sa physionomie. Voilà pour le physique, mais au moral quelle diversité plus grande encore ! Et si nous envisageons l'œuvre de la nature dans son ensemble, quelle diversité de mise en scène et comme ce peintre incomparable a su en varier les tableaux ; à chaque pas le cadre change. Est-ce qu'un site n'a pas un ton, une couleur, un cadre qui lui soient propres. Tenez, jetez un regard sur le magnifique panorama qui se déroule devant nous et dites si vous en connaissez un autre qui lui ressemble. Au loin, et bornant l'horizon, la ville haute de Provins dont le dôme et la tour semblent escalader le ciel ; à ses pieds la ville basse qu'entoure sa gracieuse ceinture de verdure, puis se rapprochant de nous, estompée par un léger brouillard, la prairie du Buat où la Voulzie déroule, en fuyant, son ruban d'argent ; plus près encore, la vallée, vaste damier, vert, jaune, rouge, gris, d'où émergent de blanches maisonnettes ou de sombres buissons, et à nos pieds, n'est-elle pas admirable cette charmante pelouse valonnée par la nature où brillent de leur plus vif éclat sur un fond vert qui semble émaillé, la coupe azurée de la Pervenche, la clochette d'or de la primevère, la diaphane collerette blanche de l'Anémone. L'aurore a vidé sur tout cela son riche écrin : chaque feuille, chaque fleur a sa goutte de rosée dont le soleil, ce grand magicien de la nature a fait autant de rubis, d'émeraudes, de saphirs, de topazes, d'hyacinthes, etc. L'air est imprégné d'odeurs balsamiques. Sous ce chaud rayon de soleil les plantes exhalent leurs parfums les plus pénétrants ; les oiseaux eux-mêmes, ivres de bonheur, célèbrent par leurs chants les plus mélodieux leurs naissantes amours et la saison nouvelle. Eh bien ! mes enfants, que le soleil disparaisse derrière un nuage et ce magnifique paysage change ; les tons chauds disparaissent et les rubis, et les émeraudes, et il ne reste plus que la plante au vert glauque et la goutte de rosée suspendue à la pointe de l'herbe. Est-ce que l'homme lui-même n'apporte pas une perturbation dans l'ordre de la nature, et la preuve c'est que ce paysage si riant, ces fleurs si fraîches, ces chants d'allégresse des oiseaux tout cela repose sur la mort, car la place où nous sommes était, il y a deux siècles à peine, un cimetière ; nous-mêmes sommes assis sur une pierre tombale. Quel puissant seigneur pouvait bien reposer sous cette dalle funèbre ? Est-ce un saint prêtre, un seigneur barbare et félon ou bien un fougueux prélat?... O vanité des vanités ! l'épitaphe célébrant ses vertus, ses ancêtres, sa noblesse, tout a disparu !

Interrogeons ces ruines. Ce qui reste de l'ancienne églisede Poigny était la sacristie : longtemps encore après la destruction du monument elle a dû servir de chapelle. Cette partie cintrée tournée vers l'orient, c'était l'abside ; ici était le chœur, puis la nef et enfin le porche. Sous ces tilleuls je ne saurais dire combien de fois séculaires se tenaient les assemblées populaires, car dans les siècles passés le porche de l'église était la maison commune. C'était ici que le prévôt du seigneur publiait le ban de vendanges, la perception de la dîme, le récollement des récoltes et des meubles pour l'établissement de la taille et des corvées : c'était dans l'église enfin que le pauvre peuple venait gémir sur ses misères et en demander à Dieu le soulagement quand le désespoir ne le poussait pas à s'adresser au diable.

Quelle pourrait bien être la date de construction de ce pieux édifice? Cette porte latérale avec ses trumeaux terminés en console sembleraient indiquer les xɪɪᵉ ou xɪɪɪᵉ siècle. Quels sont les événements qui ont pu en amener la destruction? Et puisque les pierres sont muettes nous demanderons à l'histoire les renseignements qui nous manquent. Mais assez de digression comme cela, revenons à nos plantes.

La Pervenche (*Vinca minor*) que nous voyons ici en si grande abondance appartient à la famille des Apocynées. Son beau feuillage toujours vert, l'étoile bleue de ses fleurs, son port gracieux, lui ont, de tout temps, attiré les sympathies universelles et l'ont fait admettre parmi les plantes utiles à l'homme. Les sorciers l'employaient autrefois dans la composition de leurs philtres magiques : de là son nom de *violette des sorciers*. En Flandre c'était l'usage de joncher de branches de Pervenche la route que devaient parcourir les jeunes mariées restées vertueuses. En Italie comme en France, la pieuse coutume s'est conservée de planter cette fleur sur la tombe des jeunes filles. Cela se comprend, ce feuillage toujours vert n'est-il pas l'emblême de l'immortalité? Pour les poètes, la pervenche signifie : *amitié inaltérable.*

La famille des Apocynées fournit peu de sujets à la Flore Européenne, mais la Flore Tropicale en contient un grand nombre d'espèces, parmi lesquelles nous nous bornerons à citer les suivantes :

Le *Cerbera Ahovaï* employé contre la morsure des serpents. Les pêcheurs du Brésil l'emploient pour stupéfier le poisson. Nous prévenons nos jeunes amis qu'en France, cette plante serait considérée comme un engin prohibé.

Le *Tanghin vénéneux,* arbre de l'île de Madagascar, atteignant une hauteur de 10 mètres environ. Le fruit dru passé de cet arbre contient une huile qui est un des poisons les plus violents ; on l'emploie dans cette île pour constater l'innocence ou la culpabilité des accusés quand les preuves manquent. Si le patient succombe, il est déclaré coupable et ses biens sont partagés entre l'accusateur, le souverain et le bourreau ; si la forte constitution de l'accusé a raison du poison il est acquitté et l'accusateur est condamné à lui payer des dommages-intérêts. Coutume barbare et qui sent fortement nos jugements de Dieu, du moyen âge.

Le *Gobe-mouche* très jolie plante de l'Amérique du Nord, dont les fleurs petites, nombreuses et d'une jolie couleur rose contiennent un nectar qui attire les mouches ; lorsque celles-ci ont insinué leur trompe entre les filets des étamines et qu'elles veulent se retirer, les anthères se resserrent et l'insecte reste pris. Encore une plante qui ne se nourrit pas que de l'air du temps.

Le laurier rose (*Nérium oléander*) que tout le monde connaît appartient également aux Apocynées.

SIXIÈME ENTRETIEN

DE LA GÉOGRAPHIE BOTANIQUE

LE RICIN. — LA GENTIANE — LA PETITE CENTAURÉE

La géographie Botanique est la science qui s'occupe de la distribution des végétaux à la surface du globe. Elle est naturellement liée à la physique du globe, à la géologie et surtout à la météorologie, car les influences climatériques jouent un très grand rôle dans la vie des végétaux.

EUROPE

PAYS PLATS. Nous les diviserons en quatre régions.
1° RÉGION DE L'OLIVIER. — Cette région comprend l'Espagne, la Sicile, l'Italie et la partie occidentale de la Grèce. Elle est limitée au Nord par une ligne qui part de Bayonne, passe par Montélimart, s'élève un peu au nord de l'Adriatique et se termine dans le voisinage de Constantinople. Nous

Fig. 5. — Forêt vierge.

trouvons dans cette région : le Coton, l'Oranger, le Figuier, l'Olivier, le Riz, le Maïs, le Froment, la Vigne, etc, ; le Chêne-liège, le Chêne vert, le Laurier-Rose, l'Arbousier, le Myrte, le Laurier, le Lin, le Nopal, le Palmier nain, l'Aloës, la Bruyère en arbre, le Genêt d'Espagne, le Laurier-Tin, etc.

2° LA RÉGION DE LA VIGNE. — La limite septentrionale de cette région est une courbe qui, prenant de l'embouchure de la Loire, passe un peu au Nord de Paris jusqu'à Bonn et Dresde où elle atteint son point le plus septentrional; de là elle redescend au Sud du 50° degré de latitude et se termine vers la mer Caspienne sous le 45° degré. Tous les arbres fruitiers réussissent dans cette région ainsi que le Maïs et toutes les céréales. Les arbres forestiers, notamment le Chêne et le Châtaignier, y réussissent également.

3° LA RÉGION DES CÉRÉALES. — Sa limite septentrionale est une courbe qui part de l'Écosse, 58° degré de latitude Nord, passe à Drontheim (Scandinavie), 64° degré, puis redescend dans l'Est et se termine en Russie, au Sud, sous le 59° degré environ. — Toutes les céréales : Blé, Seigle, Orge, Avoine, Pommes de terre, Sarrasin, y réussissent très bien, à l'exception du Nord où l'on cultive de préférence l'Orge, l'Avoine, le Seigle, le Lin et le Chanvre. La culture des arbres fruitiers ne peut aller au-delà du 55° degré.

Cette région est en même temps celle du Chêne : l'Orme, le Tilleul, le Bouleau, le Pin, le Sapin, le Hêtre, caractérisent cette région.

4° Région inculte, ou *région du Bouleau*. — Elle s'étend de la région précédente jusqu'au pôle Nord ; l'Avoine, l'Orge, le Seigle peuvent encore mûrir dans quelques contrées favorisées ; l'Orge, qui s'étend le plus loin, ne dépasse pas le 70° degré de latitude, après quoi l'on ne trouve plus guère parmi les plantes alimentaires que quelques légumes : Raves, Choux, Pois, Oseille. Les arbres forestiers de cette région sont : le Bouleau nain, le Mélèze, le Sapin, et le Pin Sylvestre qui s'élèvent jusqu'au 70° degré de latitude Nord.

Contrées montagneuses. — La distribution des végétaux sur les montagnes peut comprendre également quatre zones déterminées par les différences d'altitude. Ainsi la première zone, qui correspondrait à la zone de l'Olivier, s'élèverait jusqu'à 500 mètres d'altitude ;

La deuxième, qui correspondrait à la zône de la Vigne, s'élèverait jusqu'à 1,000 mètres ; à cette hauteur, en effet, s'arrête la culture de la Vigne ;

La troisième, qui correspondrait à la tzône des Céréales, s'élèverait jusqu'à 1,900 mètres ;

Au-dessus, dans la quatrième zône, l'on ne trouve plus que des plantes Alpines ou Polaires : Rhodondendrons, Saules herbacés, etc. Ces limites de végétations différentes, suivant les altitudes, varient cependant de plus de 300 mètres, du versant septentrional au versant méridional.

La ligne des neiges éternelles se trouve en moyenne, dans les Alpes, à 2,700 mètres d'altitude.

Et voyez, mes enfants, comment la chaleur est l'agent par excellence de toute végétation !

Dans la zône de l'Olivier nous voyons une seule plante des tropiques : le Palmier, mais c'est le Palmier nain ; la chaleur de ce climat est insuffisante pour qu'il puisse y prendre tout son développement. De même, dans la quatrième zone, l'on ne trouve plus que le Bouleau nain ; le saule lui-même n'est plus qu'une plante herbacée qui se confond avec les graminées des prairies.

Nous avons vu dans nos excursions de l'année dernière[1] que le Ricin (*Palma Christi*) cultivé dans le rayon de Paris, comme plante d'ornement, y est annuel et herbacé, tandis que dans les pays chauds même dans le Midi de la France, il est vivace et ligneux.

Lorsque nous passerons en revue les plantes curieuses du globe, vous .verrez avec étonnement quelle longévité et quel accroissement prennent certains végétaux sous l'influence de la chaleur de la zône intertropicale.

Pendant un assez long séjour que je fis dans le département de l'Aube dont la flore est très riche, j'ai recueilli quelques échantillons de la plante que voici. Très rare dans nos parages, elle mérite pourtant bien que nous fassions sa connaissance, étant une des plus précieuses de notre flore.

Cette plante qui atteint jusqu'à $1^m,30$ de hauteur, là où elle se plaît, choisit de préférence les pentes

---

[1] *La Botanique du Grand-père*, A. Degorce, éditeur.

abruptes, au milieu de buissons rabougris et d'Orchidées qu'elle domine de toute la hauteur de son beau panache jaune. Sa tige est droite, simple et cylindrique ; ses feuilles sont larges, ovales, glabres un peu luisantes, embrassantes, à nervures longitudinales et saillantes, comme celles du Plantain.

La *Gentiane à fleur jaune* (*Gentiana Lutea*) tire son nom de Gentius, roi d'Illyrie qui, dit-on, en fit usage le premier ; elle appartient à la famille des Gentianées dont elle est le type.

Le calice de la fleur est membraneux, un peu déjété de côté ; la corolle est en roue profondément découpée en cinq, huit segments allongés et pointus ; les étamines, en nombre égal aux segments, sont, comme dans toutes les fleurs monopétales, insérées sur le tube de la corolle ; l'ovaire est surmonté de deux stigmates ; la capsule est à une loge et à deux valves.

La Gentiane a une racine épaisse, jaune, amère et douée de propriétés fébrifuges et stomachiques, dont on faisait grand cas avant la découverte du quinquina qui l'a un peu démodée. On a peut-être eu tort d'oublier si vite les services rendus et de ne pas, au contraire, cultiver cette plante qui se multiplie facilement, soit par graines, soit par œilletons. Peut-être y reviendra-t-on, le quinquina devenant de plus en plus rare.

Notre climat nous fournit encore :

La *Gentiane Croisette* (*Gentiana cruciata*) charmante petite plante dont les verticilles de fleurs bleues tubulées, campanulées, à quatre divisions, presque sessiles couronnent la tige. On la trouve dans les pâturages secs et montagneux.

La *Gentiane Pneumonanthe* également à fleurs bleues en forme de cloche, au sommet de la tige. Son nom de Pneumonanthe signifie gonflée d'air. Comme caractère distinctif, elle a les étamines réunies en faisceau autour de l'ovaire. Elle habite les lieux humides et marécageux.

La *Gentiane des Champs (Gentiana Campestris)* est une plante annuelle que l'on rencontre dans les près montueux : en voici un échantillon récolté sur le flanc nord de la montagne Sainte-Germaine, à Bar-sur-Aube.

La *petite Centaurée (Gentiana Centauréa)* de Linné *(chironia pulchella)* de Decandolle, est très commune dans les près, dans les bois et sur les chemins un peu humides des environs de Paris. C'est une charmante petite plante à fleurs roses en corymbe situées à l'extrémité d'une tige très peu ramifiée, atteignant jusqu'à 40 centimètres de hauteur ; ses sommités fleuries s'emploient contre les fièvres intermittentes, à la dose de 10 grammes par litre d'eau. Cette tisane est très amère, mais elle est tonique, stomachique et vermifuge.

La *Gentiane Acaule,* commune dans les prairies élevées des Alpes, du Jura et des Pyrénées, est cultivée dans nos jardins comme plante d'ornement.

J'espère, mes enfants, que lorsque vous rencontrerez un membre de cette intéressante famille des Gentianées vous aurez pour lui, tous les égards qui sont dus à la vertu jointe à la beauté.

GÉOGRAPHIE BOTANIQUE (suite)

IMMORTELLE

ASIE

Une contrée où coule le Pactole ; le pays de l'Émeraude, du Diamant et du Saphir ; la terre bénie, choisie par Dieu pour être le berceau du genre humain doit posséder la Flore la plus riche du globe. Faisons donc une rapide excursion en Asie.

La partie septentrionale, la Sibérie, possède à peu près la Flore du nord de l'Europe ; cependant quelques familles : les Légumineuses, les Renonculacées, les Crucifères, les Liliacées et les Ombellifères s'y rencontrent en plus grand nombre. Les forêts, celles de l'Oural notamment, avec leurs magnifiques pelouses et leurs couverts où se rencontrent les arbres à feuilles rondes acérées ressemblent à un parc. Les Rosiers sauvages, les Chèvrefeuilles les Génevriers y bravent l'inclémence du climat ; la Polémoine bleue, les Primevères, les Dauphinelles ornent les pelouses, et le trèfle d'eau embellit les marais. Le tableau, comme vous le voyez, mes enfants, est un peu moins triste que celui du nord de l'Europe.

Région centrale. — Nous sommes au cœur de la Chine et du Japon. Tout ce que produit le centre de l'Europe se retrouve ici. Nous y rencontrons en outre les Magnoliers qui ornent si bien nos parterres; les Camélias qu'on ne peut acclimater chez nous que dans des serres et dont les fleurs aux couleurs éclatantes tranchent si bien sur le fond vert de leurs feuilles vernissées ; l'arbre à Thé, (Thea, *simenlis*) dont les feuilles sont si précieuses, et une foule d'arbustes dont l'énumération serait trop longue. Parmi les plantes cultivées, cette région possède toutes celles qu'on trouve en Europe dans la même région, en y ajoutant toutefois : les Orangers, le Néflier du Japon, le Sorgho, la Patate, l'Igname, le Mûrier à papier, l'Anis, le Sésame. Une foule de plantes d'ornement comme la Glycine, le Lis du Japon, le Lis tigré, le Primevère de Chine nous viennent de cette partie de l'Asie.

Région méridionale. — Nous sommes aux Indes, pays du cachemire, des parfums, des radjahs aux riches tuniques constellées de diamants. — Lisez les *Mille et une Nuits !* — Les familles non tropicales ont disparu et nous sommes au cœur de l'Eden. Les arbres y sont plus grands, ils ne perdent pas leurs feuilles et leurs espèces sont plus nombreuses. Mais quel profusion de plantes grimpantes et parasites : Lianes, Orchidées, etc. Dieu ! que ces fleurs sont grandes et belles ! Quels riches coloris, quels aromates, quels parfums ! Partout des arbres qui nous sont encore inconnus : Bambous, Sapindus, Mimosa, Cassia, Jambosa, Gardenia, Ébène, Bignonia, Tertona Grandis, Gutta-Percha, Mascadius, Figuiers (*Ficus religiosa, indica, elastica*), Palmiers, Cocos, Sagoutier, Calamus, Areca, Corypha, Umbroculifera, Dragonnier, Bacquois, etc. ; la liste en serait longue si je ne m'arrêtais.

Aux plantes cultivées du centre et qui se rencontrent ici, nous ajouterons : la Pistache de terre, le Cocotier, le Giroflier, le Poivrier, le Tamarin, le Manguier, le Mangoustan, le Bananier, le Goyavier, l'Oranger, les Pastèques, et deux autres, bien précieuses, surtout, la Canne à sucre et le caféier. Vous voyez, mes enfants que les Indes seraient un paradis terrestre si les pauvres insulaires n'avaient deux redoutables ennemis : les monstrueux reptiles qui promènent sous les ombrages de cette luxuriante verdure leurs écailles d'argent, et... les Anglais !...

AFRIQUE

L'Afrique ! terre de Chanaan, terre d'Ismaël, terre maudite ! Des rochers, des sables, des déserts, quelques arbres rabougris, tel est l'aspect que présente cette immense presqu'île.

Pour étudier la Flore de cette contrée, nous la partagerons en trois zones : la partie septentrionale, la partie tropicale et la partie australe ou du cap de Bonne-Espérance.

La partie septentrionale ou Méditerranéenne, s'étend du versant septentrional de l'Atlas jusqu'à la mer; elle comprend également les pays baignés par le delta du Nil. On y trouve les mêmes productions que dans le midi de l'Europe. L'Algérie et la Tunisie qui occupent plus de la moitié de cette zone ont un sol très fertile qui, bien cultivé, leur permettra un jour de devenir le grenier et le chais de la France comme elle le furent jadis de Rome, car les céréales et les vignes y réussissent parfaitement. Dans la partie montagneuse peu élevée, on cultive outre la Vigne, l'Olivier, le Tabac et, dans la province de Constantine, les forêts de Chênes-lièges sont la source d'un commerce considérable.

Le Sahara Algérien n'est qu'un vaste désert, une mer de sable parsemée d'ilots et d'oasis, seules parties cultivables de cette immense région. Cinq cents espèces de végétaux environ, y ont élu domicile, mais ils y font triste mine. Les familles qui y sont représentées, sont : les Composées, les Graminées, les Légumineuses, les Crucifères, etc.; les espèces ligneuses ne comprennent guère que les Tamarins et les Lentisques. Dans les oasis on cultive le Dattier, le Figuier, le Grenadier, l'Abricotier, la Vigne, le Cédratier, l'Oranger, l'Olivier et, à l'ombre des Palmiers, l'arabe sème: Orge, Oignons, Fèves, Carottes, Navets, Choux, Aubergine, Tomate. Potirons, Courges, Pastèques, Piment, le Tabac et le *Haschich*, espèce de chanvre nain dont les extrémités sont fumées par certains musulmans pour se procurer, dans une douce somnolence, l'illusion du paradis de Mahomet.

RÉGION TROPICALE. — Que voulez-vous que produise un sol constamment brûlé par le soleil? Les quelques végétaux que l'on rencontre dans les parties explorées, — car d'immenses étendues nous sont encore inconnues, — sont de pauvres plantes maigres, rabougries qui, au lieu d'être herbacées comme dans les zones tempérées sont ici ligneuses. La flore de cette contrée est caractérisée par des Légumineuses, des Thérébinthacées, des Malvacées, des Rubiacées, des Acanthacées, etc. ; et, bordant les côtes, par des forêts vierges presque impénétrables peuplées de Mangliers, de Bananiers, de Cannées, de Malvacées gigantesques comme la Baobab, de Bromeliacées, d'Aroïdées, d'Aloës, mais surtout de Palmiers qui élèvent leur tête majestueuse bien au-dessus des autres végétaux. — Dans certains petits coins privilégiés de cette affreuse contrée, on cultive pourtant : le Maïs, le Riz, le Sorgho, l'Igname, le Manioc, le Bananier, l'Ananas, le Figuier, le Caféier, la Canne à sucre, la Gingembre, le Coton, le Tabac, le Tamarin.

RÉGION MÉRIDIONALE. — Aimez-vous les Pélargoniums, les Oxalis, les Ixia, les Bruyères, allez au cap de Bonne-Espérance et vous serez servi à souhait, et vous en pourrez faire une cargaison, de quoi orner toutes les serres de l'Europe, tous les jardins d'hiver des contrées boréales. Seulement, prenez vos précautions, emportez avec vous d'énormes caisses, car les Bruyères y atteignent jusqu'à 5 mètres de hauteur. Vous y trouverez encore des Strilitzia, des Gnaphalium, vulgairement *Immor-*

telles, cette petite composée dont on orne les monuments funéraires, et, sur le flanc des montagnes des Cactus énormes, des Cactus géants ; mais partout des Palmiers, d'énormes palmiers à l'ombre desquels on cultive les céréales, les fruits et les légumes d'Europe, et aussi le Sorgho des Cafres, la Patate, le Bananier, le Tamarin et le Goyavier.

Beaucoup des plantes que je viens de citer, vous sont inconnues, mais j'essaierai en vous parlant des *Plantes curieuses* de vous faire connaître celles d'entre elles qui rendentle plus de services, au point de vue de l'alimentation des peuplades qui habitent ces contrées.

Puisque je vous ai parlé de l'*Immortelle* arrêtons-nous un instant sur cette plante qui, pour la plupart d'entre vous, rappelle de douloureux souvenirs ?

Les poètes en ont fait l'emblême de la constance ; en Europe et surtout en France, on en a fait l'emblême de l'immortalité et c'est à ce titre qu'elle a le doux privilège d'orner la tombe de ceux qui vous furent chers.

L'*Immortelle* appartient au genre Gnaphalium dont voici les caractères botaniques :

Involucre imbriqué d'écailles inégales, obtuses scarieuses au moins sur les bords, souvent colorées réceptacle nu ; fleurons tous tubuleux, les uns hermaphrodites, les autres femelles ; quatre étamines, fleurons à quatre dents ; aigrettes composées de poils, tantôt simples, tantôt dentés au sommet.

La plupart des espèces composant ce genre sont cultivées comme plantes d'ornement. Nous nous bornerons à citer : l'*Immortelle de Virginie*, plante vivace, très rustique, à fleurs d'un jaune soufre, entourées d'une involucre dont les bractées pétaloïdes argentées semblent des demi-fleurons ; l'*Immortelle jaune*, à capitules d'un beau jaune luisant ; mais l'espèce qui nous occupe le plus particulièrement est le *Gnaphalium Lutéo-Album* que l'on cultive principalement dans le midi de la France.

Cette plante est très cotonneuse dans toutes ses parties : sa tige est droite, simple et s'élève jusqu'à 5 décimètres ; ses feuilles sont molles, longues de 5 centimètres, larges de 6 millimètres ; demi embrassantes et un peu obtuses à leur extrémité : les calices sont luisants, scarieux et d'un jaune couleur de paille, de forme arrondie, réunis en petites têtes ou en corymbes serrés. Cette plante est annuelle et préfère les terrains humides.

Elle est cultivée en grand dans certains villages du midi de la France ; mise en caisse cette plante est expédiée à Paris et dans les principales villes de France et le trafic auquel elle donne lieu se chiffre par plusieurs millions de francs.

Une variété annuelle, le *Xeranthenum annum*, dans laquelle les bractées extérieures de l'involucre sont longues, colorées, semblables à des demi-fleurons et conservent longtemps leurs couleurs, est cultivée dans les jardins comme plante d'ornement ; cueillie et séchée elle imite, à s'y tromper, les fausses fleurs.

HUITIÈME ENTRETIEN

GÉOGRAPHIE BOTANIQUE (suite)

AMÉRIQUE. — FORÊTS VIERGES

Les différentes révolutions du globe ont divisé cette partie du monde en deux continents réunis par l'isthme de Panama : ce qui fait que nous avons l'Amérique du Nord et l'Amérique du Sud. Nous allons nous occuper de la première que nous diviserons, à cause de son étendue, en trois régions.

La *région polaire* de l'Amérique du Nord présente la même végétation que l'Europe et l'Asie sous les mêmes latitudes : Bouleaux nains, Peupliers rabougris, Saules herbacés ; des Saxifragées, des Mousses et des Lichens.

La *région du centre*, qui s'étend de la zone polaire jusqu'au 36ᵉ degré de latitude, nous fournit les arbres forestiers de l'Europe sous la même latitude, avec cette différence pourtant, qu'ici, c'est-à-dire en Amérique, ils atteignent des dimensions considérables. Nous y ajouterons toutefois quelques espèces nouvelles, entr'autres : le Copalme d'Amérique, le Tulipier, si remarquable par ses feuilles tronquées et ses grandes fleurs solitaires dressées et jaunâtres, et parmi les arbustes, tous ceux d'Europe et d'Asie, sous la même latitude, auxquels il faut ajouter : le *mirica-cerifera, arbre à la cire* dont le fruit bouilli fournit une cire abondante, des Groseillers à fleurs, des Andromèdes, des Azalées, des Rhododendrons, des Spirées, des Céanothus, des Bourdaines et aussi les Sumacs dont une espèce est très vénéneuse.

La *région méridionale* de l'Amérique du Nord ne s'étend guère que du 36e degré au 30e de latitude nord, mais sa végétation se rapproche beaucoup de celle des tropiques. On y trouve : Noyers, Charmes, Châtaigniers, Chênes, et aussi des Palmiers, notamment le *Chamœrops Palmetto* dont la pousse terminale est un légume excellent ; des Yucca, des Zamia, des Passiflores, des Lianes, des Cactées, des Lauriers, des Tulipiers, des Pavia, des Robinia et surtout des Magnolia dans toute leur splendeur. On y cultive la Canne à sucre, l'Indigo, le Tabac, le Cotonnier, le Riz ; c'est encore dans cette partie de l'Amérique : Missouri, Texas, Arkansas, Mexique, etc., que les Cactées, ces plantes si bizarres, ont élu domicile. Le plus remarquable d'entre ces végétaux est le *Cercus Gigantea*, immense candéabre qui peut s'élever jusqu'à 12 mètres de hauteur.

AMÉRIQUE DU SUD

C'est bien dans cette partie du globe que la végétation présente les contrastes les plus frappants. Si, des steppes immenses où la température ordinaire est de 40 à 50 degrés centigrades et où la végétation est presque nulle, on s'élève vers les hautes crêtes des Cordillères, au lieu d'une chaleur tropicale ce sont des tourbillons de neige et de grêle qui se succèdent chaque jour, et lorsque, dans les Andes, on s'élève jusqu'aux pics les plus aigus où toute végétation a cessé on retrouve, à 3,000 mètres au-dessus du niveau de la mer, les Bouleaux nains, les Saules herbacés, les Mousses, les Lichens des régions polaires ; si continuant notre excursion nous revenons à des climats plus tempérés nous nous trouverons dans un printemps perpétuel. En effet, n'est-ce pas un climat privilégié que celui de Caracas où la température reste constante entre 16 et 20 degrés, le jour, 16 et 18 degrés la nuit et où croissent, pêle-mêle, Pommiers, Poiriers, Abricotiers, Froment, Bananiers, Orangers, Caféier. Cependant la Flore de ce climat est caractérisée par des végétaux — qui lui sont propres : le *Vernonia, odoratissima,* dont la fleur sent l'Héliotrope, l'*OEillet d'Inde de Caracas,* la *Glycine Ponctuée,* l'*Amarante de Caracas,* le *Datura arborescent,* le *Saule de Humbolt,* etc. etc., sans parler du *Théobroma-cacao,* dont les graines donnent le chocolat, et de l'*arbre à la vache.* Je vous ferai connaître ces deux végétaux quand nous nous occuperons des plantes curieuses.

Mais le pays le plus favorisé, au point de vue du règne végétal, c'est le Brésil « cette terre promise des naturalistes », l'Eden du nouveau monde.

A côté de ces immenses et magnifiques forêts qui fournissent à l'Europe et au monde entier leurs bois si précieux pour la teinture, la médecine, la charpente, l'ébénisterie : Bois de Brésil, Bois de Rose, Bois de Fer, Palissandre, Quinquina et les fleurs les plus odorantes et les plus variées, le Brésil offre encore les plus riches cultures : le Caféier, la Canne à sucre, le Cotonnier, le Tabac, les plantes à caoutchouc, le Manioc, le Riz, le Maïs, le Cacao, l'Anana, l'Indigotier, le Bananier.

« Si d'arides *Campos* où des touffes d'arbustes nains, forment, avec les Graminées, les Eriocaulonées et les Xyridées des plaines onduleuses d'un bien triste aspect », il y a aussi ces admirables forêts vierges dont le savant botaniste, M. Auguste de Saint-Hilaire va nous faire une brillante description. Cédons-lui la parole.

« Lorsqu'un Européen arrive en Amérique, dit M. Auguste de Saint-Hilaire, et que, dans le lointain, il découvre les bois vierges, pour la première fois, il s'étonne de ne plus apercevoir quelques formes singulières qu'il a admirées dans nos serres et qui sont ici confondues dans les masses. Il s'étonne de trouver dans les contours des forêts aussi peu de différence entre celles du nouveau monde et celles de son pays ; et si quelque chose le frappe, c'est uniquement la grandeur des proportions et le vert foncé des feuilles qui, sous le ciel le plus brillant, communiquent au paysage un aspect grave et austère.

« Pour connaître toute la beauté des forêts équinoxiales, il faut s'enfoncer dans ces retraites aussi anciennes que le monde. Là rien ne rappelle la fatigante monotonie de nos bois de chênes et de sapins ; chaque arbre a un port qui lui est propre, chacun a son feuillage et offre souvent une teinte d'une verdure différente. Des végétaux gigantesques qui appartiennent aux familles les plus éloignées entre-mêlent leurs branches et confondent leur feuillage. Les *Bignoniées* à cinq feuilles croissent à côté des *Cæsalpinia*, et les feuilles dorées des *Casses* se répandent en tombant sur des *Fougères arborescentes*. Les rameaux mille fois divisés des Myrtes et des *Eugénia* font ressortir la simplicité élégante des Palmiers, et parmi les Mimosas aux folioles légères, le *Cecropia* étale ses larges feuilles et ses branches qui ressemblent à d'immenses candélabres. Il est des arbres qui ont une écorce parfaitement lisse ; quelques-uns sont défendus par des épines, et les énormes troncs d'une espèce de Figuier sauvage s'étendent en lames obliques qui semblent les soutenir comme des arcs-boutants.

« Les fleurs obscures de nos hêtres et de nos chênes ne sont guère aperçues que par les naturalistes ; mais dans les forêts de l'Amérique méridionale, les arbres gigantesques étalent souvent les plus brillantes corolles. Les *Cassia* laissent pendre de longues grappes dorées ; les Vochysiées redressent des thyrses de fleurs bizarres ; des corolles tantôt jaunes et tantôt purpurines plus longues que celles de nos digitales, couvrent avec profusion les Bignoniées en arbre et des *Chorisia* se parent de fleurs qui ressemblent à nos Lis pour la forme, comme elles rappellent l'*Alistræmaria* pour le mélange de leurs couleurs.

« Certaines formes végétales, qui ne se montrent chez nous que dans les proportions les plus humbles, là se développent, s'étendent et paraissent avec une pompe inconnue sous nos climats, des Borraginées deviennent des arbrisseaux ; plusieurs Euphorbiacées sont des arbres majestueux, et l'on peut trouver un ombrage agréable sous leur épais feuillage.

« Mais ce sont principalement les Graminées qui montrent le plus de différence entre elles et celles de l'Europe. S'il en est une foule qui n'acquiérent pas d'autres dimensions que nos Brômes et nos Fétuques, et qui, formant ainsi la masse des gazons, ne se distinguent des espèces Européennes que par leurs tiges plus souvent rameuses et leurs feuilles plus larges, d'autres s'élancent jusqu'à la hauteur des arbres de nos forêts et présentent le port le plus gracieux. D'abord, droites comme des lances et terminées par une pointe aiguë, elle n'offrent, à leurs entre-nœuds qu'une seule feuille qui ressemble à une large écaille ; celle-ci tombe, de son aisselle naît une couronne de rameaux courts chargés de feuilles véritables. La tige des Bambous se trouve ainsi ornée, à des intervalles réguliers, de charmants verticilles ; elle se courbe et forme entre les arbres, des berceaux élégants.

« Ce sont principalement les Lianes qui communiquent aux forêts les beautés les plus pittoresques ; ce sont elles qui produisent les accidents les plus variés. Ces végétaux, dont nos Chèvrefeuilles et nos Lierres ne donnent qu'une bien faible idée, appartiennent comme les grands végétaux à une foule de familles différentes ; ce sont des Bignoniées, des *Bauhinia*, des *Cissus* des hippocratées ; et si toutes ont besoin d'un appui, chacune a pourtant un port qui lui est propre. A une hauteur prodigieuse, une Aroïde parasite ceint le tronc des plus grands arbres. Les marques des feuilles anciennes qui se dessinent sur sa tige en forme de losange la font ressembler à la peau d'un serpent ; cette tige donne naissance à des feuilles larges, d'un vert luisant, et de sa partie inférieure naissent des racines grêles qui descendent jusqu'à terre, droites comme un fil à plomb. L'arbre qui porte le nom de *Cipo-Matador*, la *Liane meurtrière*, a un tronc aussi droit que celui de nos peupliers ; mais trop grêle pour se soutenir isolément, il trouve un support dans un arbre voisin plus robuste que lui ; il se presse contre sa tige, à l'aide de racines aériennes qui, par intervalles, embrassent celle-ci comme des osiers flexibles : il s'assure et peut défier les ouragans les plus terribles. Quelques lianes ressemblent à des rubans ondulés, d'autres se tordent et décrivent de larges spirales ; elles pendent en festons, serpentent entre les arbres, s'élancent de l'un à l'autre et forment des masses de branchages, de feuilles et de fleurs, où l'observateur a souvent peine à rendre à chaque végétal ce qui lui appartient.

« Mille arbrisseaux divers : des Mélastomées, des

Borraginées, des Poivres, des Acanthacées, naissent aux pieds des grands arbres, remplissent les intervalles que ceux-ci laissent entre eux et offrent leurs fleurs au naturaliste, le consolent de ne pouvoir atteindre celles des arbres gigantesques qui élèvent au-dessus de sa tête leur cîme impénétrable aux rayons du soleil. Les troncs renversés ne sont point couverts seulement d'obscurs cryptogames ; les *Tillandsia*, les Orchidées aux fleurs bizarres leur prêtent une parure étrangère et souvent ces plantes elles-mêmes servent d'appui à d'autres parasites. De nombreux ruisseaux coulent ordinairement dans ces bois vierges ; ils y entretiennent la fraîcheur ; ils offrent au voyageur altéré une eau délicieuse et limpide et sont bordés de tapis de Mousses, de Lycopodes et de Fougères, du milieu desquelles naissent des Begonia aux tiges délicates et succu-entes, aux feuilles inégales, aux fleurs couleur de chair. » (A. DE SAINT-HILAIRE).

Si nous redescendons vers le pôle le tableau s'assombrit. Le Chili nous offre encore deux palmiers le *Jubaca spectabilis* et le *Ceroxylon austral ;* l'*Araucaria imbricata* qui orne aujourd'hui les squares de la ville de Paris en élevant là-bas jusqu'à plus de 50 mètres sa haute cyme pyramidale de feuilles verticillées y forme encore d'épaisses forêts sous lesquelles végétent : Graminées, Fougères, Labiées, Ombellifères, Fuchsias, Myrtacées, Laurinées et surtout des Composées ligneuses ; mais les forêts de l'Uruguay deviennent plus pauvres, et lorsque nous abordons la Patagonie, ce sont des

Fougères arborescentes, des Ronces, des Arbousiers, ou des buissons d'Airelles qui règnent au-dessus d'un tapis de Mousses, d'Hépatiques et de Lichens ; enfin à l'île de l'Hermite, point le plus rapproché du pôle austral, nous trouvons les malheureux indigènes réduits à se nourrir de Champignons, quand le poisson leur manque.

OCÉANIE

Voici les retardataires du règne végétal.

Située sur la même latitude que le Brésil, l'Australie devrait avoir la même Flore : il est loin d'en être ainsi. Cette île immense flottant au milieu d'autres îles n'est certainement pas contemporaine des terres de l'ancien et du nouveau monde. Combien de milliers de siècles se sont écoulés entre le jour où, selon le langage de l'Écriture, *la terre fut séparée d'avec les eaux* et celui où l'Australie émergeant du sein de l'Océan Pacifique, montra au-dessus des flots sa longue chevelure verte d'Algues marines, ruisselante encore des eaux de la mer.

En effet, la Flore comme la Faune de l'Australie nous montrent des êtres qui n'existent plus sur aucun continent et qu'on ne tronve aujourd'hui qu'à l'état de fossiles dans les terrains jurassiques de l'époque *tertiaire* ou bien au *muséum* d'histoire naturelle.

Les plantes qui y dominent — et elles occupent à peu près la moitié de la production végétale de l'île — sont, une espèce d'*Eucalyptus*, parmi les Myrtacées, et un *Acacia*, parmi les Légumineuses. Les feuilles de ces deux espèces réduites à des *Phyllodes* [1] offrent ceci de particulier que la partie plane, au lieu d'être placée horizontalement par rapport au sol est placée de champ et, conséquemment, n'intercepte pas les rayons du soleil. Ces deux plantes seraient peu propices pour faire des berceaux de verdures et des tonnelles.

Des voyageurs assurent que l'Eucalyptus est le Cyprès de l'Australie ; il sert à ombrager ou plutôt à marquer la tombe des morts ; aussi a-t-on désigné sous le nom de *Bocages de la mort* les parties de la forêt où se font les sépultures.

Le paysage de l'Australie dont la partie animale est représentée par d'affreux *Marsupiaux* n'aurait rien de bien séduisant si dame Nature, ce peintre incomparable n'avait adouci les tons un peu sombres que nous venons de tracer en jetant, çà et là, des plantes plus gracieuses qui ne manquent ni de beauté ni d'originalité. Citons entr'autres le *Xanthorea* aux feuilles longues et étroites en parasol, du centre desquels s'élève un stipe allongé, terminé par un épi de fleurs ; les *Casuarina*, aux branches longues, pendantes, pleureuses, délicatement articulées ; l'*Araucaria Excelsa* qui élève jusqu'à près de 100 pieds ses rameaux verticillés ; enfin d'élégantes Epacridées aux fleurs si variées, un grand nombre d'admirables Légumineuses et ces

---

[1] Feuilles sans limbe.

étranges Orchidées dont plus de cent vingt espèces importées d'Australie ornent aujourd'hui nos serres, doivent certainement rendre plus gracieux et plus riant le tableau étrange que présente la végétation australienne.

Nous voici, mes jeunes amis, arrivés au terme de notre voyage. Marchant à grandes enjambées, nous avons parcouru ce qu'on appelle en géographie, les cinq parties du monde, jetant un rapide coup d'œil d'ensemble sur la végétation que l'on rencontre dans les différents climats ; il est temps de prendre un peu de repos. Dans nos prochaines causeries, guidés par les botanistes et les voyageurs les plus dignes de foi, nous recommencerons cette excursion, nous arrêtant tout particulièrement sur les plantes les plus intéressantes et les plus utiles.

NEUVIÈME ENTRETIEN

CRYPTOGAMES ET PHANÉROGAMES

—

ARBRE FONTAINE. — NOSTOCS. — VARECHS. — CHAMPIGNONS. — MER DES SARGASSES.

Avant de recommencer notre course à travers le monde je crois nécessaire de vous donner encore une courte explication préliminaire.

Nous avons vu l'année dernière que, d'après la méthode naturelle, les végétaux étaient divisés en trois ordres : les Acotylédonés, les Monocotylédonés et les Dicotylédonés.

Considérés sous le rapport de la présence ou de l'absence — en apparence du moins — des organes nécessaires à la reproduction, on les divise en deux grands embranchements. — C'est la grande division du célèbre Linné — savoir : *végétaux cellulaires* ou *Cryptogames* et *végétaux vasculaires* ou *Phanérogames*.

Les végétaux cellulaires sont ainsi nommés parce qu'ils ne sont composés que de cellules ou utricules. — On les nomme encore Cryptogames parce que les organes de la reproduction y sont invisibles : Ces organes ne sont ni des étamines, ni des pistils, mais des *Sporules*, espèce de graines non fécondées. Enfin, comme dans la germination l'on ne rencontre pas de cotylédons, on a ainsi formé l'ordre des Acotylédonés. Cet ordre comprend environ 13,000 espèces, et ce ne sont pas les plus faciles à déterminer.

Les végétaux vasculaires sont ceux dans la structure desquels il entre des vaisseaux ; on les appelle encore Phanérogames parce que leurs fleurs sont visibles. Cet embranchement se compose de deux autres ordres : les *Monocotylédonés* qui comprennent environ 16,000 espèces ; les *Dicotylédonés* qui en comprennent 50,000 au moins. Vous voyez, mes amis, quel vaste champ il nous reste à parcourir.

Mais la nature n'a rien fait sans transition et, pour passer du premier embranchement au second, elle a créé les Fougères, végétaux pourvus de vaisseaux, mais cependant privés de cotylédons, et dont les organes de la reproduction sont des sporules : partant Acotylédonés et Cryptogames ; aussi a-t-on continué à les classer dans le premier embranchement.

C'est en hiver que fleurit cette plante et je me réserve bien, quand le moment en sera venu, de vous faire voir cette étrange floraison : c'est sous les feuilles que nous la découvrirons.

J'avoue qu'il n'est pas toujours facile, pour les commençants surtout, de distinguer à première vue, si une plante appartient à l'ordre des *Mono-cotylédonés* ou à celui des *Dicotylédonés*. Voici un petit tableau qui pourra vous guider, car il indique très brièvement, il est vrai, les caractères différentiels de ces deux ordres.

DANS LES DICOTYLÉDONÉS	DANS LES MONOCOTYLÉDONÉS
Radicule de l'embryon rameuse.	Radicule de l'embryonfibre use.
Cotylédons, 2 ou plusieurs opposés.	Cotylédons 1 ou alternes s'il y en a 2.
Tige formée d'une moëlle, de bois, d'aubier, de rayons médullaires et d'écorce.	Tige sans moëlle, ni rayons médullaires, ni écorce.
Feuilles à nervures non-parallèles et anastomosées entre elles.	Feuilles à nervures parallèles, excepté dans les aroïdées.
Parties de la fleur au nombre de cinq ou multiples de 5, en général.	Parties de la fleur, en général au nombre de 3 ou multiple de 3.
Dans nos climats herbes, arbrisseaux ou arbres.	Herbes toujours, dans nos climats.

Vous êtes maintenant assez forts, mes amis, pour voler de vos propres ailes et c'est en touristes que j'ai l'intention de vous faire voyager, cette fois. Nous sauterons, s'il le faut, d'un pôle à l'autre, de Paris à Pékin, de Rome à Culcutta, ne suivant d'autre route que celle indiquée par l'ordre des familles et ne nous arrêtant que sur les sujets véritablement dignes de fixer notre attention. Je mêlerai quelquefois la légende à la réalité, car le but que je me propose est de vous instruire tout en vous amusant.

« J'ai lu, dit Jean-Jacques Rousseau, Nieuwenvit[1] avec surprise et presque avec scandale. Comment cet homme, a-t-il pu vouloir faire un livre des merveilles de la nature, qui montrent la sagesse de son auteur? Son livre serait aussi gros que le monde qu'il n'aurait pas épuisé son sujet; et sitôt qu'on veut entrer dans les détails, la plus grande merveille échappe qui est l'harmonie et l'accord de tout. La seule organisation des corps vivants et organisés est l'abîme de l'esprit humain. »

Sans doute le livre de la nature est si vaste que nul mortel n'a pu encore le parcourir tout entier. Cependant, est-ce un si grand crime que d'en feuilleter quelques pages ? Admirer les merveilles de la nature n'est-ce pas rendre hommage à celui qui en est l'auteur ? Que penseriez-vous d'un étranger qui, introduit dans un palais magnifique au milieu de merveilles sans nombre, s'en irait sans rien regarder sous prétexte qu'il y a trop de choses à voir? N'imitons pas cet étranger indifférent et puisque l'Univers nous présente ses merveilles admirons-les autant qu'il nous sera donné d'en découvrir toutes les beautés.

Pour commencer, donnons la parole à Bernardin-de-Saint-Pierre.

« Les voyageurs rapportent unanimement qu'il y a dans les montagnes de l'île-de-Fer (*Iles Canaries*)

---

[1] Nieuwenvit, savant mathématicien hollandais mort en 1718, auteur d'un traité de l'existence de Dieu démontrée par les merveilles de la nature ; traduit en français par Noguès (Paris, 1725, in-40), réimprimé en 1740.

un arbre qui fournit chaque jour à cette île une quantité prodigieuse d'eau ; les insulaires l'appellent *Garoë* et les espagnols *Santo*, à cause de son utilité ; ils disent qu'il est toujours environné d'une nuée qui coule en abondance le long de ses feuilles et remplit d'eau de grands réservoirs qu'on a construits au pied de cet arbre, qui suffisent à la provision de l'Ile. Cet effet est peut-être un peu exagéré, quoique rapporté par des hommes de différentes nations ; mais je le crois vrai, au fond. Je pense seulement que c'est la montagne qui attire de loin les vapeurs de l'atmosphère, et que l'arbre situé au foyer de son attraction les rassemble autour de lui. »

Et M. Aimé Martin, ajoute en commentaire :

« Les Espagnols ont écrit que cet arbre pouvait fournir, en une seule nuit, assez d'eau pour les besoins de huit mille personnes et c'est avec raison que Bernardin de Saint-Pierre accuse ce récit d'exagération ; cet arbre immense a été renversé par un ouragan, et si les arbres de cette espèce (*quelle espèce ?*) qui existent encore dans l'ile ne produisent pas le même effet c'est qu'ils sont mal exposés et que leur feuillage est moins vaste et moins touffu. Au reste, ajoute le commentateur, l'ile de Waterhouse, dans les mers du Nord, offre un phénomène semblable : la partie supérieure de son plateau est couverte d'arbres, tandis que le penchant de la montagne ne produit que des arbrisseaux dont les tiges sont très rapprochées. Ces arbrisseaux entretiennent la terre dans un état d'humidité très favorable à la végétation ; et Péron[1] dit avoir vu couler sous leurs ombrages un grand nombre de filets d'eau douce qui tombait goutte à goutte de leurs feuilles. Ces espèces de sources végétales que la nature a préparées dans des contrées désertes pourraient suffire à tous les besoins de l'ile, si elle était habitée. »

Je regrette beaucoup ne pas connaître le nom de ce végétal étrange : ce n'est plus un arbre, c'est une fontaine ou plutôt c'est un fleuve. Si l'on estime que 50 litres d'eau par jour et par personne soient nécessaires aux habitants de l'ile, c'est donc 400,000 litres ou 400 mètres cubes qu'il produirait par jour, de quoi remplir un bassin qui aurait eu 7 mètres 35 au moins dans toutes ses dimensions. En attendant qu'on nous ait fait connaître le véritable état-civil de ce végétal-hydraulique nous l'appellerons l'*Arbre Fontaine*.

Mais rentrons dans l'ordre indiqué plus haut et commençons par les Cryptogames.

LES CRYPTOGAMES

Voici bien les végétaux les plus étranges qu'on puisse imaginer ; et sont-ce bien là des végétaux ? Pas de vaisseaux, rien que des utricules ou cellules ; pas d'organes reproducteurs, ou plutôt, organes reproducteurs cachés aux regards des profanes et

[1] Péron, François, naturaliste et voyageur, né à Cerissy en Bourbonnais en 1775, mort en 1810.

que le savant seul, armé de sa loupe peut apercevoir, et, encore !... Pensez donc ; les capsules de certaines moisissures renferment des semences si petites qu'il en faudrait plusieurs milliers pour atteindre la grosseur d'une tête d'épingle et ces semences flottent, libres et invisibles dans l'air qui en est en quelque sorte saturé ; et les facilités de reproduction de ces organes sont si prodigieuses et si rapides que certains Champignons produisent soixante millions d'utricules par minute : ce serait à n'y pas croire si des expériences toutes récentes n'étaient venues confirmer le fait. Étonnez-vous donc des ravages que fait l'oïdium, ce Champignon microscopique qui s'attaque à la vigne !...

Un des genres les plus étranges est le *Nostoc*.

N'avez-vous pas remarqué bien des fois à l'automne que, par un temps pluvieux ou par un brouillard intense, les allées de votre jardin étaient tachetées de place en place de petits dépôts gélatineux et verdâtres, et ne vous êtes vous pas demandé d'où pouvaient bien provenir ces matières gluantes, aussi repoussantes au toucher qu'à la vue : ce sont les *Nostocs* ou *oscillatoires*.

Les Nostocs exécutent des mouvements continus assez curieux à observer : ce qui leur a valu leur nom d'*Oscillatoires*. Tantôt leur extrémité libre se meut d'avant en arrière, tantôt elle oscille à gauche puis à droite, ou bien encore elle se meut circulairement ; l'organisation de ces êtres, qu'il est difficile de classer, les rattache autant au règne animal qu'au règne végétal : aussi les considère-t-on comme l'anneau qui unit ces deux règnes et comme la limite extrême du vaste empire de Flore.

Les Nostocs ont été classés néanmoins par les botanistes dans la famille des ALGUES, plantes

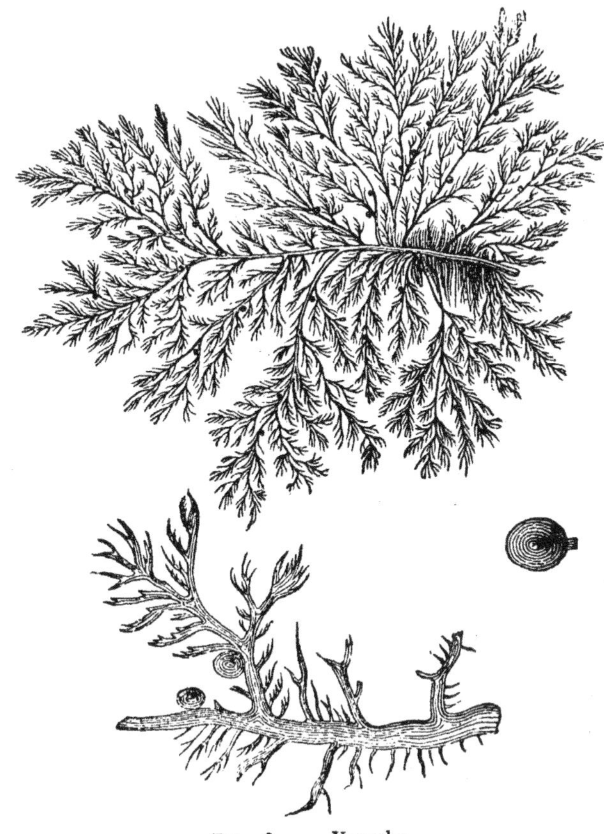

FIG. 6. — Varechs.

étranges qui, en naissant à la vie, sont des Animalcules et qui en prenant de l'accroissement deviennent des végétaux.

Fig. 7 — Mer des Sargasses.

4

On rattache à la même famille les *Conferves* filaments verdâtres qui sont en suspension dans les eaux stagnantes.

Je suppose que beaucoup d'entre vous connaissent les *Varechs*, espèce de plantes sèches dont on garnit les lits. C'est une plante aquatique que l'on trouve en abondance dans les eaux de la mer. Le Varech appartient également à la famille des Algues. Les Botanistes le désignent sous le nom de *Ficus vésiculeux* en raison de ce que ses feuilles sont pourvues de petites vésicules pleines d'air qui, le rendant plus léger que l'eau, le font flotter à la surface de la mer.

Ce sont les côtes de Bretagne et de Normandie qui fournissent à l'industrie et au commerce le plus de Varechs ; les riverains de l'Océan l'arrachent aux rochers et aux flots, le font sécher et le brûlent. Autrefois, des cendres en provenant on retirait le *Carbonate de Soude.* Aujourd'hui, la *Soude* s'extrait du Sel Marin et la chimie s'est emparée du Varech dont elle retire le *Brôme* et l'*Iode.* Ce qui échappe à l'incinération est employé comme engrais ou pour couvrir la chaumière du pauvre marin. L'industrie du Varech occupe plus de 4,000 ouvriers ; on vient de découvrir le moyen d'en faire d'excellent papier.

Vous ne sauriez croire, mes jeunes amis, combien cette feuille si tenue et si mince peut s'accroître en longueur ; le *Macrocystis pirifera* peut atteindre jusqu'à 500 mètres de longueur, un demi kilomètre !...

L'océan Antarctique renferme des Algues de si

grandes dimensions qu'on les a comparées à des arbres sous-marins, et c'est une de ces forêts sans doute qui arrêtait la marche des navires du célèbre Dumont d'Urville[1].

Tous les navigateurs connaissent, dans l'Océan Atlantique, entre les 19me et 34me degré de latitude Nord, cette immense prairie flottante dont la superficie égale au moins six fois celle de la France et qui parcourt — depuis combien de siècles ! — l'espace compris entre les Açores, les Canaries et les îles du Cap-Vert. « Elle est formée par le *Fucus Natans* dont les touffes, sans aucune attache au sol, sans racines, s'alignent dans la direction du vent et du courant ; des sondages faits dans cette mer en 1851 et 1852 ont donné des profondeurs variant de 2,000 à 7,000 mètres, profondeur suffisante pour permettre au plongeur le plus téméraire de piquer une tête sans crainte de se heurter la tête contre les rochers.

Plusieurs fois, en imagination seulement, car je n'ai jamais quitté ce que les marins dans leur langage..... imagé appellent *le plancher des vaches*, bien des fois, dis-je, je me suis cru sur un de ces immenses radeaux de verdure. Poussé par une brise légère, je visitais successivement les archipels fortunés des Canaries, des Açores et du Cap-Vert. Bercé par la vague, mollement étendu sur cette fraîche couchette, par une belle nuit d'été,

---

[1] Dumont d'Urville, contre amiral, né à Condé-sur-Noireau en 1790, navigateur et savant ; mort, avec sa famille, le 8 mai 1842 de l'accident du chemin de fer de Versailles.

quand le silence est complet, je me reposais des fatigues du jour en admirant ce beau ciel bleu, cette magnifique voûte d'azur constellée d'étoiles d'or. Alors mon âme complètement détachée de la terre s'élevait jusque dans les régions inconnues d'où j'apercevais notre pauvre planète avec toutes ses injustices et toutes ses misères. Mais bientôt rentrant dans la réalité je me disais que partout le mal est à côté du bien ; que sur ce frêle esquif rien n'aurait pu me défendre contre les monstres marins au cas où j'aurais échappé au terrible Gulf-Stream, qui mugit près de l'endroit où m'avait transporté mon doux rêve, et alors ma petite maisonnette blanche au toit de briques me semblait plus gaie, mon berceau de chèvrefeuille plus frais ; le chant du rossignol plus mélodieux ; les parfums qui s'échappaient de mon petit jardinet, plus suaves encore, et je pensais à vous, mes jeunes amis, à la noble mission qui m'a été confiée : celle de former votre esprit et votre cœur et je bénissais le ciel du lot qui m'avait été départi, car la place de l'homme est partout où il y a quelque bien à faire, quelque progrès à réaliser.

Les Lichens, espèces d'excroissances plus ou moins sèches que l'on voit sur les rochers, sur la terre et sur l'écorce des arbres, sont également des Cryptogames. Ils paraissent être, dans l'échelle des êtres organisés, les intermédiaires entre les Algues et les Champignons. Le Lichen est le végétal que l'on aperçoit le dernier sur la limite des régions polaires et sur les confins des glaces éternelles ;

c'est aussi le premier qui dut faire son apparition lorsque notre globe se refroidissant, la nature commença son gigantesque enfantement des êtres orga-

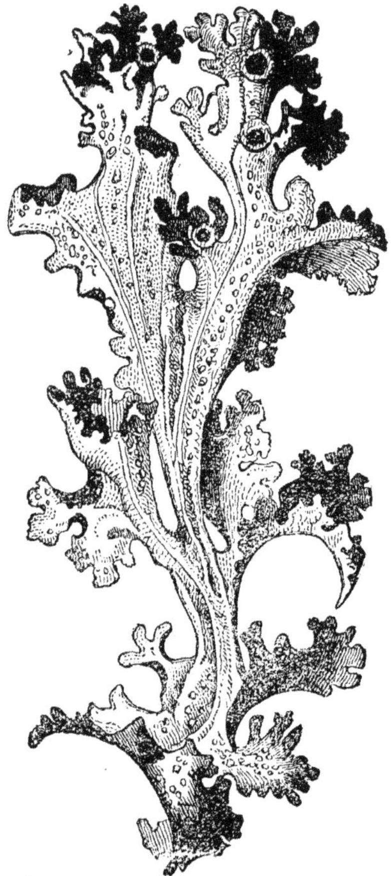

Fig. 8. — Lichen.

nisés. Si l'accroissement et la reproduction du Lichen sont lents, comme compensation son existence est longue : il vit plusieurs centaines d'années. Le

Lichen d'Islande (*Cetraria Islandica*) est employé en médecine contre les affections de la poitrine.

Les Champignons. — Qu'il se nomme *Agaric, Bolet, Vesse de Loup, Oronge, Erisyphé*; qu'il se présente sous quelque forme que ce soit : *Carie du blé charbon* de l'orge et de l'avoine, blanc des arbres, champignon de la vigne, moisissure, etc, le Champignon est l'agent destructeur par excellence ; il vit aux dépens de l'être organisé auquel il s'attache jusqu'à ce qu'il l'ait dévoré. Et le plus dangereux de cet étrange cryptogame n'est pas le plus gros,

Fig. 9. — Champignon.

celui avec lequel on peut se prendre corps à corps, qu'on peut attaquer, qu'on peut combattre, qu'on peut détruire; c'est, au contraire, celui qu'on dédaigne d'abord parce qu'on l'aperçoit à peine ; c'est l'être microscopique, insaisissable qui, unique le matin, le soir sera légion et sucera par tous ses pores le végétal auquel il se sera cramponné.

Mais l'homme avec son génie n'a pas voulu se laisser distancer par cette multitude d'êtres malfaisants qui non seulement dévorent, mais empoisonnent. Son palais s'est familiarisé avec certaines espèces : *Agarics, Morilles, Truffés* qu'il a asservis, qu'il cultive et dont il fait une consommation considérable, — celle des Truffes s'élève annuellement, en France, à plus d'un million et demi de kilogrammes représentant une valeur de plus de 15 millions de francs. — Appelant la chimie à son aide, il a rendu comestibles les plus vénéneux[1].

Inutile de vous parler des MOUSSES, des CHARACÉES, des HÉPATIQUES, des LYCOPODIACÉES, des EQUISÉTACÉES, des FOUGÈRES ; ces cryptogames n'ont de remarquable que leur étrange organisation. Je vous dirai seulement que les Fougères qui, dans notre climat, ne se montrent qu'en touffes atteignant à peine un mètre de hauteur, deviennent, dans les régions tropicales, des arbres égalant la beauté des Palmiers et qu'elles y élèvent jusqu'à cinq ou six mètres de hauteur, leur gracieux parasol de feuilles finement découpées.

[1] Voir les expériences du docteur Gérard. (Louis Figuier, *Histoire des Plantes.*)

DIXIÈME ENTRETIEN

LES PHANÉROGAMES

CANNE A SUCRE. — PALMIERS. — ARBRE A LA
CIRE. — DRAGONNIER D'OROTAVA. — CÉDRE.
— SEQUOIA-GIGANTEA.

La première famille des plantes de l'ordre des Phanérogames qui se présente à mon esprit en raison
des services qu'elle rend à l'humanité, est bien celle
des Graminées ; mais j'en ai suffisamment parlé dans
nos entretiens de l'année dernière (voir la *Botanique
du Grand-père*) pour n'avoir pas besoin d'y revenir. Disons cependant un mot de la *Canne à sucre*.

Ce magnifique roseau (*Saccharum officinarum*)
est originaire des Indes Orientales ; il est aujour-
d'hui cultivé dans tous les pays chauds, même dans
nos possessions africaines. C'est une graminée de
belle taille qui contient dans son chaume une assez
grande quantité de sucre. On coupe ce chaume encore vert, on l'écrase et la sève qui en découle,
épaissie au feu, dépose, en se refroidissant, une
matière cristalline, pulvérulente et jaunâtre, que

l'on nomme Cassonade. On blanchit la Cassonade au moyen du noir animal, après quoi, l'on met en pains : ce sont ces cônes de la blancheur de l'albâtre que vous voyez à la devanture des magasins d'épiceries. Du résidu des tiges on extrait une li-

Fig. 10. — Canne à sucre.

queur alcoolique connue dans le commerce sous le nom de *Rhum*.

Les *Bambous* sont des Graminées arborescentes et géantes, dont le chaume ligneux s'élève à plus de 20 mètres de hauteur ; on en cite une espèce, le bambou *Sammot* qui atteint quelquefois une hauteur de 30 mètres. L'Indien tire de ces plantes, une partie de sa nourriture, des cannes, des ustensiles de ménage et même de légères barques. Les tiges qui naissent sur le Rhizôme du Bambou croissent avec une telle rapidité qu'elles s'élèvent de près d'un mètre en vingt-quatre heures ; mais en revanche, la floraison est si lente qu'elle ne se montre que cinquante ans après et ne se renouvelle qu'après un nouvel intervalle de cinquante ans ; deux fois en un siècle, ce n'est pas trop.

La *Canne de Provence*, est, comme l'indique son nom, une Graminée qui croît dans le midi de la France ; sa tige ligneuse sert à faire des cannes à pêche. Le rhizôme de cette plante contient un suc qui arrête chez les femmes, la sécrétion du lait.

L'*Alfa* est encore une Graminée ; on le cultive aujourd'hui dans les marais d'Afrique et on l'expédie en Europe pour en faire du papier.

Les *Palmiers*. Voici la Providence du désert ; l'arbre par excellence qui, selon le langage imagé des Orientaux « doit plonger son pied dans l'eau et sa tête dans le feu du ciel ».

La famille des Palmiers est non seulement la plus belle mais encore la plus utile du monde végétal.

Écoutez ce récit d'un voyageur :

« L'affreux *simoun* [1] vient d'accomplir son œuvre de destruction. Le Sahara n'est plus qu'une mer immense de sable brûlant ; les montagnes sont devenues des vallées et la route que suivent les cara-

vanes a disparu. Que va devenir Ben-Allha, le *coursier du désert*, Ben-Allah, le guide infatigable. Toute
la troupe est ensevelie sous cette montagne de sable,

FIG. 11. — Forêt de Bambous.

aussi mouvante que les flots de la mer, et, avec elle,
les outres, les vivres les provisions, les armes ; lui-

1 Vent du désert.

même ne doit son salut qu'à l'agilité de sa mon-
ture, à la vigueur de son coursier, à la prunelle de
braise et aux jambes de gazelle. Une soif ardente
dévore Ben-Allah. Une atmosphère de plomb fondu
pèse encore sur ses membres alourdis par la fa-
tigue. Anxieux, il interroge l'horizon : partout la dé-
solation, partout la destruction, partout la mort.
Dourah, le chameau imcomparable, la *gazelle du
désert*, l'œil morne, tête baissée, semble, lui aussi,
fléchir sous le poids de son cavalier. — Tout à coup,
cependant, il relève la tête, hume l'air de ses na-
seaux brûlants et part comme une flèche. Ben-Allah,
dressé sur ses étriers aperçoit bientôt, à l'horizon,
un léger point noir qui grandit, grandit toujours.
Alors élevant au-dessus de sa tête ses longs bras
amaigris, il jette un cri de joie et remercie le pro-
phète : un magnifique Palmier dresse son stipe gigantesque au-dessus du sol brûlant et couvre, à
l'ombre de ses longues feuilles pennées, une petite
oasis. C'est le salut. Aucune habitation, aucune
source, aucune trace de l'homme n'apparaît sous ce
majestueux parasol ; mais qu'importe ? Ben-Allah
s'arrête, le précieux végétal ne doit-il pas suffire à
tous ? Une légère incision dans l'écorce de l'arbre va
lui procurer une boisson rafraîchissante : fermentée,
cette sève lui donnera un vin délicieux ; de la moële
farineuse et nutritive de la tige, il fera son dîner ;
pour dessert, il aura la drupe du fruit ; au besoin, de
la graine broyée il extraira de l'huile, et le bourgeon
terminal des jeunes Palmiers environnants nourrira
son chameau. « Eh bien ! mes enfants, comment ne

pas admirer religieusement cette prévoyance de la Nature d'avoir placé au milieu de ces plaines brûlantes qui ne produisent rien, un végétal qui peut seul suffire aux premiers besoins de l'homme !...

La famille des Palmiers comprend bien des espèces ; je me bornerai à vous faire connaître les plus remarquables.

Le *Dattier* (*phænia dactylifera*) est un arbre dioïque à feuilles pennées de 3 à 4 mètres de longueur, qui couronnent, comme un vaste éventail une tige cylindrique (*stipe*) de 20 mètres de hauteur. Le Dattier habite surtout nos possessions d'Afrique au nord de l'Atlas ; il est une des principales ressources des Arabes de ces contrées ; aussi depuis les temps les plus reculés pratiquaient-ils, sans s'en rendre bien compte, sur ce précieux végétal, la fécondation artificielle. Voici comment ils procèdent encore aujourd'hui. Ils coupent sur les sujets portant des fleurs staminées des branches chargées de fleurs qu'ils viennent secouer au-dessus des sujets portant des fleurs femelles. De combien de siècles cette pratique des Arabes, qu'ils doivent à leur esprit méditatif et observateur, a-t-elle précédé la découverte faite par Vaillant, du sexe des plantes ?...

Le *Cocotier*. Comme le Dattier, ce végétal élève à plus de 30 mètres de hauteur son gracieux parasol de feuilles pennées atteignant jusqu'à 6 mètres de longueur ; mais si le premier recherche de préférence l'atmosphère brûlante du désert, il faut au second la fraîche brise des eaux voisines : aussi le rencontre-t-on sur le bord de la mer.

Le Cocotier est bien la providence des régions tropicales. L'homme trouve dans ce précieux végétal de quoi suffire à tous ses besoins : « La tige, les feuilles, les fibres ligneuses, la graine, servent à l'abriter, à l'enivrer même, à le vêtir, à le loger, à l'éclairer, à le chauffer, à le transporter sur les mers, à le nourrir, à le désaltérer, à le guérir dans les maladies. La tige dont le diamètre est à peine de 50 centimètres s'élève en colonne hardie, à une hauteur de 30 mètres et se couronne d'un chapiteau de feuilles pennées longues de près de 6 mètres. Le fruit est une drupe, du volume de la tête, à mésocarpe fibreux ; l'endocarpe est osseux, percé de trous à sa base ; la graine est presque entièrement formée d'un Albumen, d'abord liquide, puis charnu et ferme, qui, selon son âge, fournit une liqueur sucrée, acidule et rafraîchissante ou un aliment solide et substantiel ; on en retire de l'huile qui sert à l'alimentation et à l'éclairage. » (L. Figuier, *Histoire des plantes*.)

Les *Rotangs* sont des Palmiers grêles, à tiges grimpantes qui s'attachent aux arbres environnants et courent de l'un à l'autre sur une longueur atteignant quelquefois jusqu'à 500 mètres ; on en fait des badines flexibles connues en Europe, sous le nom de joncs.

Enfin, pour terminer la série des Palmiers, je vous citerai le *Céroxylon des Andes*, le plus haut de tous les Palmiers, arbre du Pérou qui atteint jusqu'à 60 mètres de hauteur. De ses feuilles et du pétiole de ses feuilles exsude une espèce de poudre glutineuse qui, soumise au feu, prend la consistance de la cire et en a l'odeur ; les indigènes en font des cierges de petite dimension. Aussi ce végétal est-il connu sous le nom vulgaire d'*arbre à la cire*.

La famille des Liliacées ne nous offre guère en Europe, que des plantes potagères ou des fleurs ; celles cultivées en serres sont magnifiques. Mais le sujet qui doit nous occuper tout particulièrement aujourd'hui, est le Dragonnier d'Orotava qui appartient au genre Dracœna. On le rencontre à l'île de Téréniffe. Ce géant de la création, qui n'a guère que 24 mètres de hauteur, a un tronc d'une telle grosseur que dix hommes se tenant par la main ne pourraient l'embrasser. Lors de la première expédition de Bethancourt, en 1402, le Dragonnier d'Orotava était déjà aussi gros qu'il l'est aujourd'hui, et en comparant les jeunes Dragonniers avec l'arbre gigantesque on est effrayé de l'âge que peut avoir celui-ci ; qui sait s'il n'a pas assisté à l'une de ces révolutions qui ont modifié la surface du globe. Le Dragonnier paraît avoir été comme certains autres colosses du règne végétal, l'objet de la vénération de plusieurs peuples indiens. Comment rester indifférent devant un sujet dont l'âge surpasse celui des monuments qui paraissent impérissables ! Cet arbre se retrouve dans certaines îles de l'Océanie.

La famille des *Conifères* a aussi ses géants et ses doyens. Lorsqu'on voyage dans les Alpes où chaque coin de route a sa physionomie qui lui est propre, où l'on passe d'étonnement en admiration, l'œil se plaît à contempler ces magnifiques cônes de verdure qui s'élèvent si majestueusement sur le flanc de la montagne et qui, depuis des siècles, entendent les mugissements des torrents et des cascades ; mais « le voyageur qui franchit les antiques montagnes du Liban ne peut se défendre d'une certaine émotion lorsque parvenu sur les plateaux élevés qui les

FIG. 12. — Palmier.

couronne, il remarque sur sa tête le ciel vert des *Cèdres*. Témoins calmes et silencieux des révolutions qui bouleversèrent le monde, ils ont assisté aux terreurs humaines en ces jours funestes où de partiels déluges inondaient les contrées. Les hommes vigoureux des premiers âges se sont reposés sous leur ombrage, des hordes et des tribus sauvages y ont construit leurs tentes, des familles patriarcales s'y sont arrêtées aux étapes de leur vie nomade. En approchant d'eux, il semble que nous soyons indignes de les toucher à notre tour, tant les souvenirs qu'ils renferment sont formidables à côté de notre histoire. » (*Les Merveilles de la végétation.*)

Mais laissons la poésie et revenons à la réalité.

Fig. 13. — Cèdre.

Les Cèdres du Liban, dont l'Écriture parle avec tant d'admiration, sont des arbres qui élèvent jusqu'à 30 mètres de hauteur leur vaste dôme de verdure; leur feuillage est si épais que la pluie peut à peine le traverser; de ce feuillage sortent des fruits ou *cônes,* de la grosseur d'un citron et qui mettent deux ans à mûrir leurs graines.

Ce majestueux végétal que la cupidité tend à faire disparaître, puisque le mont Liban n'en possède plus que quelques-uns que l'on suppose avoir été témoins des temps bibliques, était employé jadis, à cause de l'incorruptibilité de son bois, à la construction des monuments : on s'en était servi pour le temple fameux élevé par Salomon à Jérusalem. Les deux échantillons les plus remarquables que nous possédions en France sont le Cèdre, qui couronne le labyrinthe du Jardin des Plantes à Paris et celui qui orne l'une des places de la commune de Montigny-Lencoup (Seine-et-Marne) ; ces deux frères jumeaux furent apportés, en 1727, par le célèbre botaniste, Bernard de Jussieu, et dans son chapeau ; l'un fut destiné au jardin du roi, l'autre fut donné au marquis de Trudenne, propriétaire du magnifique château de Montigny-Lencoup.

Mais le véritable géant de cette famille est le Séquoia-Gigantea qui a été découvert par un voyageur anglais, Lobb, sur la Sierra-Nevada en Californie, à une hauteur de 1,665 mètres d'altitude : l'un de ces géants atteint aujourd'hui une hauteur de 130 mètres. Ces arbres existent par groupes dans un bois qu'on a nommé *Bosquet du Mammouth*. D'après les anneaux annuaires comptés sur l'un de ces géants que l'ouragan a terrassés, ils auraient de quatre à cinq mille ans d'existence. Un autre ne mesurait pas moins de 150 mètres de longueur et avait 42 mètres de pourtour ; il s'était, en tombant, rompu à une hauteur de 100 mètres et avait encore à cette hauteur, 6 mètres de circonférence. Enfin,

un autre dè ces géants renversés, auquel on a donné
le nom de l'*École d'équitation,* creusé par le temps,
offre une cavité telle qu'on peut entrer à cheval
dans ce tube colossal et y avancer jusqu'à une distance de 25 mètres. Des nuées d'oiseaux magnifiques, au plus chatoyant plumage, ont pris, depuis
des siècles, possession de leurs puissantes ramures,
mais la première couronne de branches est à plus
de 40 mètres d'élévation et la circonférence du
Séquoia est telle que les dénicheurs d'oiseaux de
l'endroit en sont réduits à attendre que le terrible
aquilon renverse un de ces géants pour s'emparer
des couvées que contient sa ramée. Heureux oiseaux! Bienheureuses couvées! Si nos pauvres tour-
terelles avaient pareils perchoirs, combien échap-
peraient au vandalisme des petits vagabonds!

CHÊNE D'ALLOUVILLE. — CHATAIGNIER DES CENT CHEVAUX. — ARBRE A PAIN. — ARBRE A LA VACHE. — FICUS-RELI-GIOSA. — LA PARIÉTAIRE.

Que 'sont les arbres de nos forêts en présence des géants dont je vous ai parlé dans ma précédente causerie ? Pénétrons dans nos bois cependant, peut-être y rencontrerons-nous plus d'un sujet remarquable.

La famille des CUPULIFÈRES, à laquelle appartiennent le Charme, le Coudrier, le Hêtre, le Châtaignier, le Chêne, a aussi ses vieillards et ses géants.

Le Chêne d'Antien, dans la forêt de Sénart, a 5^m,20 de pourtour et sa ramée, 30 mètres d'envergure : c'était jadis le gibet de Montfaucon de la contrée ; combien de vilains et de manants ont été pendus haut et court aux branches plusieurs fois séculaires de ce Grand Justicier !

Le Chêne des Partisans, dans les Vosges, a 33 mètres de hauteur, 25 à 30 mètres d'envergure et plus de 7 mètres de pourtour à hauteur d'homme. On lui assigne six à sept cents ans d'existence.

Le Chêne d'Allouville, près d'Yvetot, est situé dans le cimetière de cette commune; il .ne mesure pas moins de 30 mètres de circonférence au-dessus du sol, et 24 à hauteur d'homme. L'intérieur du tronc est creux et a été transformé en chapelle; au premier étage, se trouve une chambre d'anachorète avec une couchette taillée dans le bois; le tout recouvert d'un petit clocheton couronné d'une croix. Ce Chêne peut bien avoir neuf cents ans d'existence. La chapelle qui est à l'intérieur a été consacrée à la Vierge au xviie siècle. Combien de générations sont venues à l'ombre de ta ramure, ô Chêne d'Allouville! dormir du sommeil éternel? de combien de larmes se sont abreuvées tes racines? Et, puisque tout ce qui est matière meurt et se transforme, dis-nous, vénérable vieillard, si chacune de tes fibres, si chacune de tes feuilles n'emportent pas avec elles quelque chose de ceux qui reposent à tes pieds!

Le vieux Chêne d'Allouville, neuf à dix fois séculaire, n'est pourtant qu'un enfant comparé à celui de Montravail, près de Saintes, auquel la tradition accorde l'âge respectable de deux mille ans environ. Ce géant parmi nos végétaux européens a 9 mètres de pourtour et environ 20 mètres de hauteur. Le tronc complètement creux a été transformé en une chambre qui a 3 à 4 mètres de diamètre sur 3 mètres de hauteur. Tapissée de mousses et de lichens cette chambre est un frais et agréable cabinet de travail pour le propriétaire de la ferme de Montravail.

Eh bien ! mes jeunes amis, que sont les chênes dont je viens de vous parler ? des enfants, des cadets. Près du mont Etna se trouve une des merveilles du monde végétal, c'est le châtaignier dit des cent chevaux auquel les botanistes assignent 3 à 4000 ans d'existence, — aussi vieux que les fameuses pyramides que contemplait l'armée de Bonaparte, — il a une circonférence de 52 mètres à sa base. « On assure que Jeanne d'Aragon[1], allant d'Espagne à Naples, s'arrêta en Sicile et vint, accompagnée de toute la noblesse de Catane, visiter l'Etna : elle était à cheval ainsi que toute sa suite. Un orage survint, la reine se mit sous cet arbre dont le vaste feuillage suffit pour la mettre à couvert de la pluie ainsi que tous ses cavaliers. C'est à cette mémorable aventure, dont la tradition a conservé le souvenir, que l'arbre a pris le nom de « Châtaignier des Cent Chevaux. » Un autre Châtaignier de dimensions gigantesques existe encore à Neuve-Celle sur le lac de Genève.

Si nous interrogeons les Annales des JUGLANDÉES nous trouvons également des Noyers d'âges et de dimensions respectables : témoin celui de Balaklava en Crimée qui produit annuellement plus de cent mille noix que cinq familles se partagent. Le botaniste de Candolle parle d'une table de noyer vue de son temps à Saint-Nicolas-en-Lorraine, et qui

---

[1] Probablement Jeanne d'Henriquez, mariée en 1444 à Jean II, roi d'Aragon.

n'avait pas moins de 8 mètres de largeur d'une seule pièce. En 1472, l'empereur Frédéric III aurait donné un repas sur ce monstrueux végétal.

Les *Platanes* de la familles des PLATANÉES ont aussi leur généalogie. Pline, le naturaliste[1], cite comme existant depuis longtemps en Lycie, un Platane dont le tronc creux formait une sorte de grotte de 27 mètres de pourtour et dans laquelle Licinius Mucianus, gouverneur de cette province, aurait donné un festin à dix-huit convives. Huit siècles après la guerre de Troie, on montrait à Céphyes, province d'Arcadie, un vieux Platane, nommé Ménélas, et l'on prétendait que le prince l'avait planté lui-même avant de partir pour le siège de cette ville. Enfin, M. de Candolle, dans sa physiologie végétale, parle d'un platane existant de son temps dans la vallée de Badjukdéré, à 3 lieues de Constantinople ; ce géant de la nature avait 33 mètres de hauteur et 50 mètres de circonférence, et ombrageait une étendue de 160 mètres carrés ; le tronc présentait une excavation de 26 mètres de circonférence. Quel âge pouvait bien avoir ce respectable vieillard ?

La famille des ARTOCARPÉES — du grec qui signifie *fruit-pain* — nous présente un autre genre de curiosités.

Si l'Européen a, pour se nourrir, les céréales, l'Arabe du désert le Palmier, la nature a donné à l'Indien l'Arbre à pain, classé dans le genre des

---

[1] Né à Vérone, an 23.

Jaquiers. C'est un arbre de 12 à 15 mètres de hauteur dont la tige est un peu tortueuse et dont la cime un peu arrondie couvre une étendue de 10 mètres de diamètre. Le bois est jaunâtre, et les feuilles, grandes, sont découpées en cinq ou sept lobes ; les fleurs sont très petites et incomplètes ; les unes manquent de calice, les autres de corolle ; l'arbre est monoïque. Le fruit, plus gros que les deux poings, renferme sous son écorce un peu rugueuse une pulpe qui, pendant le mois qui précède la maturité, est blanche, farineuse et un peu fibreuse. Les fruits se récoltent pendant huit mois de l'année et sont pour les habitants de l'Océanie un aliment sain et nourrissant. Pour que ce pain soit mangeable il n'est pas besoin de le pétrir, il suffit de le couper par tranches et de le faire griller sur un feu de charbon.

L'Arbre à pain a aussi sa légende : la voici telle que je la trouve dans la *Bibliothèque des Merveilles*.

« Dans un moment de grande disette, un père mena sur la montagne ses nombreux enfants et leur dit : « Vous allez m'enterrer à cette place, puis vous viendrez me retrouver demain. »

« Les enfants obéirent ; puis étant revenus le lendemain, ainsi que cela leur avait été commandé, ils furent très surpris de voir que le corps de leur père s'était métamorphosé en un grand arbre. Ses doigts de pieds s'étaient allongés pour former des racines ; son corps, fort et robuste jadis, constituait le tronc ; ses bras tendus s'étaient changés en branches et ses mains en feuilles. Sa tête chauve enfin s'était transformée en un fruit succulent. »

Cette légende est tout simplement sublime dans son extrême simplicité et porte avec elle un grand enseignement. Ce vieillard qui se voue à la mort pour assurer à ses descendants le pain quotidien et qui, dans l'accomplissement de son sacrifice, grandit, grandit jusqu'à devenir un arbre, n'est-il pas l'image frappante de vos parents qui, grandis par le travail, — la plus noble mission de l'homme sur cette terre, — se sacrifient tout entiers pour vous élever, vous instruire et vous mettre en état de gagner à votre tour votre pain quotidien. Méditez bien cette légende, mes jeunes amis, et ayez pour vos parents l'amour, le respect, la vénération, dont ils sont dignes à tant de titres.

Le *Jaquier hétérophylle* a des fruits si gros qu'un homme peut à peine les soulever de terre ; aussi, malheur à qui dormirait sous son ombrage.

A côté de l'arbre à pain, il nous est loisible de placer *l'Arbre à la Vâche (Palo dè Vaca)*, n'est-il pas de la même famille ? Celui-ci habite la Colombie et les botanistes le nomment *Galactodendron utile*. « Cet arbre fournit par incision de l'écorce une énorme quantité d'un liquide blanc et épais, offrant toutes les propriétés physiques du meilleur lait aromatisé d'une odeur balsamique très agréable ; si on le fait évaporer doucement sur le feu, il se convertit en une espèce de frangipane et la partie fibrineuse qui s'épaissit répand l'odeur d'un morceau de viande qu'on ferait frire dans la graisse, » Ce qu'il y a de très remarquable c'est que cet arbre dont les feuilles sont sèches et coriaces, et qui croît sur le flanc d'un rocher, est quelquefois plusieurs mois sans qu'une ondée ou même une goutte de rosée vienne rafraîchir ses longues et énormes racines qui pénètrent à peine dans la terre lorsque sa tige s'élève à plus de 30 mètres vers le ciel : où puise-t-il donc les principes azotés et hydrogénés si abondamment contenus dans sa sève?

« C'est au lever du soleil, dit M. de Humbolt, — encore un savant botaniste, — que la source végétale est le plus abondante. On voit alors arriver de toutes parts les noirs et les indigènes munis de grandes jattes pour recevoir le lait, qui jaunit et s'épaissit à la surface. Les uns vident leurs jattes sous l'arbre, d'autres les portent à leurs enfants. On croit voir la famille d'un pâtre qui distribue le lait de son troupeau. »

Cependant pour vous faire voir combien la nature est pleine de contrastes et qu'à chaque pas elle a mis le mal à côté du bien, je dois vous citer le *Pohon Upas* cousin germain des précédents, arbre des Mollusques et des Philippines, dont le suc laiteux est si vénéneux qu'il est regardé comme le poison le plus violent du règne végétal. Les naturels y trempent leurs flèches pour les rendre vénéneuses.

Les Morées ont tant d'affinité avec les Artocarpées que longtemps les deux familles n'en ont fait qu'une.

Les Morées comprennent notamment les genres *Morus* et *Ficus*. Le genre *Morus*, dont une espèce, le *mûrier blanc*, est originaire de la Chine, et dont les feuilles servent à la nourriture des vers à-soie est cultivé pour cet usage dans le midi de la France. Ce fut à la suite des guerres d'Italie, au xvi° siècle, que cette culture fut introduite dans notre pays, et c'est véritablement à Colbert que l'on doit, en France, la naturalisation de l'industrie de la soie.

Les *Figuiers* appartiennent à cette famille. Le *Figuier commun (Ficus carica)* dont vous connaissez le fruit si succulent que vous savourez avec délices, qu'il soit vert ou séché, fut introduit en France 600 ans avant Jésus-Christ par la colonie phénicienne qui vint y fonder Phocée, aujourd'hui Marseille. Vous voyez, mes jeunes amis, que cette culture ne date pas d'hier dans nos provinces méditerranéennes. Au même genre appartient le *Ficus Elastica* vulgairement *caoutchouc*, plante d'ornement que vous connaissez tous et qu'on ne parviendra jamais à acclimater parmi nous : on obtient en faisant une incision dans son écorce un suc laiteux, âcre et caustique dont on extrait la substance connue sous le nom de caoutchouc.

Mais le sujet le plus intéressant du genre est le *Ficus religiosa*, vulgairement nommé *Figuier des Pagodes*. C'est un arbre toujours vert dont les rameaux descendent vers le sol, s'y enracinent et donnent naissance à de nouveaux troncs qui produisent eux mêmes d'autres jets propres à s'enraciner. Alors de proche en proche, s'étendant comme une tache d'huile, ils forment autour de la tige une multitude de colonnes et constituent bientôt une nouvelle forêt dans la forêt. Les Indiens considèrent

le Figuier des Pagodes comme un arbre sacré ;
ils bâtissent des chapelles entre ses racines ; de là
son nom de *Ficus religiosa*.

Le *Ficus Sycomore*, arbre appartenant au même
genre, originaire de l'Orient, devait à l'incorruptibilité de son bois, — plus d'un fonctionnaire n'en pourrait dire autant, — l'honneur d'être employé par les
Égyptiens pour faire des cercueils à leurs momies.

Revenons en France pour un instant.

Voici une plante qui, à la vue, n'a rien de bien
séduisant ; cependant, elle a, sur sa sœur l'Ortie,
l'avantage d'être dépourvue de poils brûlants. Elle se
plaît le long de haies, voire même dans les fentes
des murailles, comme si elle écoutait aux portes ;
que voulez-vous, chacun son goût. La *Pariétaire*
(*Parietaria officinalis*), de la famille des *Urticées*
est, comme le Chanvre, comme l'Ortie, comme le
Chêne, une plante dioïque — je vous ai dit plusieurs
fois déjà ce qu'on entendait par ce mot — Eh bien !
cette plante offre une particularité bien étrange : Ses
étamines sont irritables. En effet, si avec la pointe
d'une aiguille, une barbe de plume ou quelque autre
objet très léger, vous frottez le filet des étamines
qui sont enroulées en dedans vous les voyez se dé-
rouler subitement, se roidir et l'anthère qui était
incliné au fond de la fleur se redresse vivement et
jette avec colère et à tous les vents un nuage de
poussière. Cette propriété est commune à d'autres
plantes que je me propose de vous faire connaître.
La pariétaire est employée comme diurétique, soit
en décoctions, soit en applications externes.

DOUZIÈME ENTRETIEN

LE POIVRIER. — LE MANCENILLIER. — LE SABLIER. — LE PAPAYER — LE RAFLESIA. — LE GUI. — LE LAURIER-CAMPHRIER. — LE DAPHNÉ.

Il est un condiment servi sur toutes les tables, et qui entre dans la composition de toutes les sauces; qui est vendu dans le commerce, soit en poudre, soit en grains de la grosseur d'un pois : c'est le fruit du Poivrier (*Piper Nigrum*), de la famille des PIPÉRACÉES, plante grimpante des Indes Orientales. Les feuilles du Poivrier sont cordiformes, ovales, luisantes et coriaces; elles offrent sept nervures principales; les fleurs forment des épis opposés aux feuilles; les fruits sont ces petites baies que vous connaissez et qui cueillies vertes et séchées donnent le *poivre noir* et cueillies mûres donnent le *poivre blanc* : ce dernier est le plus estimé pour le service de la table. Si vous voulez, mes enfants, avoir de bon poivre, achetez-le en grain et broyez-le vous même car les marchands peu scrupuleux ne se font pas faute de le falsifier en y mélangeant des substances coûtant moins cher, afin de se procurer un bénéfice illicite.

Quittons maintenant les Indes Orientales et transportons-nous en Amérique pour y étudier une plante bien dangereuse, car malheur à qui dort sous son ombrage : c'est pour lui le sommeil éternel.

Le *Mancenillier* (*Hippomane Mancenilla*) est un bel arbre de l'Amérique intertropicale dont on a peut-être exagéré les propriétés malfaisantes ; cependant, comme il est prudent de fuir la société des gens mal famés, n'approchons que de loin de ce végétal qu'on ne fait abattre que par des criminels, à cause du suc vénéneux qu'il contient. Les indigènes y trempent leurs flèches qu'ils veulent empoisonner.

Le fruit du Mancenillier ressemble, à s'y tromper, à nos plus belles pommes, dont il a la forme, la couleur et l'odeur ; mais malheur au voyageur inexpérimenté qui se laisserait tenter par les apparences : il tomberait foudroyé. Il est vrai que la saveur brûlante qu'il éprouverait au premier coup de dent l'avertirait du danger. Cet arbre si trompeur appartient à une famille, les Euphorbiacées, dont tous les sujets contiennent un suc âcre et plus ou moins vénéneux. Dans notre climat, ce sont des plantes Herbacées monoïques à l'odeur vireuse et dont les fleurs en corymbe sont herbacées : l'Épurge, la Mercuriale, sont des Euphorbiacées.

Une autre plante bien étrange, appartenant à cette famille, est le *Sablier Elastique* (*Hura Crepitans*), arbre américain à capsule ligneuse composée de dix-huit coques qui, en se desséchant, s'ouvrent subitement par le dos en deux valves et font un bruit semblable à celui d'un coup de pistolet. Citons encore : le *Siphonia Elastica* dont on extrait le Caoutchouc ; le *Manioc* dont la racine féculente séchée, pulvérisée et séparée de l'acide cyanhydrique, poison très violent, fournit le *Tapioca*. Le *Ricin*, le *Buis* sont encore des Euphorbiacées. Vous savez que la graine de Ricin produit une huile employée comme purgatif; quant au Buis, son bois sert à faire des outils ou à graver des dessins qu'on utilise comme caractères typographiques : les gravures de ce volume ont été faites sur buis.

J'ai omis de vous parler de l'*Arbre aveuglant*, originaire des îles Moluques : Il appartient également aux Euphorbiacées. Le suc qu'il contient est tellement âcre qu'une goutte tombée dans l'œil, fait perdre la vue.

Sans changer de climat, nous rencontrons un arbre dont la forme se rapproche des Palmiers, mais qui en diffère par ses fleurs qui sont cependant diclynes. Le *Papayer* (*Carica papaya*), de la famille des PAPAYACÉES, est un arbre dont les feuilles palmilobées sont réunies au sommet du stipe qui est creux ; ces feuilles atteignent une longueur de 6 à 7 mètres en trois ans. Le fruit, de la grosseur d'un petit melon, se mange cru ou cuit. Le suc de cet arbre a une propriété étonnante : celle d'attendrir la viande. Le morceau d'âne le plus coriace, suspendu vingt-quatre heures à cet arbre ou enveloppé dans une de ses feuilles, ou bien encore trempé pendant quelques minutes dans de l'eau où l'on a versé quelques gouttes du suc laiteux du Papayer, se transforme en un filet d'agneau le plus succulent et le plus tendre. Mais il faut le manger de suite, ou alors il se corrompt. Il n'y a que les Américains pour avoir de tels garde-manger.

Si vous voulez voir la fleur la plus étrange, la plus grande de toutes celles connues, allons dans les Indes, ce pays des merveilles, allons à Sumatra, nous y rencontrerons un parasite du *Cissus*. — On appelle parasite, celui ou celle, homme ou plante qui vit du travail d'autrui.—Eh bien ! mes amis, le *Raflesia Arnoldi* s'est implanté sur la tige d'un Cissus et le suce si bien, que cet indélicat personnage, — non végétal, — qui ne se compose que de la fleur, a acquis une envergure d'un mètre, — trois mètres de circonférence... pourquoi se priver lorsqu'on vit aux dépens d'autrui !... Avant sa floraison, le *Raflesia Arnoldi* a la forme d'un énorme chou, mais lorsque la fleur est épanouie, son nectaire a une contenance de six litres environ et la fleur entière ne pèse pas moins de 7 à 8 kilogrammes. Sa corolle est couleur chair ; elle exhale une si suave odeur de cadavre en putréfaction que toutes les mouches à ver de la contrée viennent s'y fixer. Quelle vaste et belle cassolette de parfums !...

Un cousin germain de cette plante, mais celle-ci habite les bords du Rio-Magdalana, l'*Aristoloche siphon*, a une fleur si grande qu'elle sert de bonnet phrygien aux habitants du pays qui en font leur coiffure d'apparat.

FIG. **14.** — Cacaoyer.

Puisque nous avons parlé de parasites, en voici un que vous connaissez. Quand le noir aquilon a dépouillé de leurs feuilles nos pauvres peupliers, si vous apercevez au haut de la cime dénudée de l'un deux une touffe verte, c'est un parasite, c'est le *Gui blanc* (*viscum album*) qui s'est implanté là.

Lorsque l'on coupe cette touffe charmante, la tige présente dans les cercles et les rayons une image du soleil; de là, sans doute, la vénération dont il jouissait chez nos ancêtres.

Chaque rameau porte deux feuilles opposées, ovales, lancéolées toujours vertes, sous l'aisselle desquelles naissent de petits bouquets de fleurs jaunes qui produiront autant de perles blanches dont le merle et la grive sont si friands. Si l'on écrase ce fruit coquet, on met à nu une graine argentine qui, en germant, produit deux radicelles vertes destinées à plonger leurs suçoirs avides non dans la terre mais dans l'écorce de l'arbre dont elles absorberont la sève jusqu'à ce que devenu anémique il dépérisse et meure. Pauvres vieillards! ils n'ont pas la force de se défendre contre ces audacieux et faméliques personnages qui les rongent jusqu'à la moelle !

Le Gui de chêne est devenu très rare; ce parasite se rencontre plutôt sur les pommiers, le frêne, l'acacia, l'aubépine et le peuplier.

Vous savez tous, car l'histoire vous l'a appris, que le Gui récolté sur le chêne était la plante sacrée des Druides et que c'est en grande pompe et avec une serpette d'or qu'ils en faisaient la cueillette. Les habitants de Java croient encore que les ombres des morts sont réjouies à la vue des parasites et viennent la nuit se promener à l'entour.

Le Gui est le rameau de Noël, c'est lui que les marchands offrent aux passants en criant : « Au gui de l'an ! au gui nouveau ! prenez du gui !... »

En Angleterre surtout, ce brin de verdure est populaire dans les faubourgs et cher à Christmas. On peut dire qu'il est mis à toutes les sauces, car il orne les temples, fleurit au milieu des cierges, pare le corsage de la jeune miss, décore jambons et puddings ou bien se fane et meurt dans l'air méphitique des brasseries : la vieille superstition gauloise a, comme vous le voyez, laissé quelques traces chez nos voisins d'outre-Manche et chez nous.

Le Gui appartient à la famille des Loranthacées.

Je vous ai fait connaître les parasites du règne végétal, je dois vous faire connaître et tâcher de vous prémunir contre le parasite du genre humain.

Si jamais vous rencontrez un de ces êtres dont l'existence soit un problème, s'attachant opiniâtrement à votre personne et brûlant sous votre nez et à tout propos sa cassolette d'encens, rappelez-vous ce que dit La Fontaine dans sa Fable *le Corbeau et le Renard* : « (Tout flatteur vit aux dépens de celui qui l'écoute ») vous avez affaire à un parasite. Fuyez-le comme la peste. Au physique, vous le reconnaîtrez à sa mise assez correcte, à son beau maintien — car il connaît *son monde* — à son regard oblique, à sa prunelle vert-fauve qu'il dissimule derrière un binocle; obséquieux, beau parleur, hypocrite, dissimulé, il s'extasiera sur votre capacité, sur vos mérites, gourmandera votre modestie. Ah ! s'il avait un homme de votre expérience à mettre à la tête d'une affaire dont lui a parlé son ami C... Quels bénéfices on réaliserait et combien il serait heureux de vous en faire profiter !...

Oh! alors, malheur à vous, si vous avez eu foi dans une seule de ses paroles, car le serpent vous tient, et il ne vous lâchera que lorsqu'il aura usé votre crédit, lorsqu'il vous aura dévoré tout entier. Pour me résumer, mes jeunes amis : le parasite de l'homme qu'il s'appelle B ou C n'est qu'un vil coquin.

A côté du Gui nous pouvons ranger le *Laurier camphrier* (*Laurus Camphra*) son très proche parent. Celui-ci est de cette famille des LAURINÉES dont bien des membres vous sont connus, entr'autres le *Laurier d'Apollon*, employé pour aromatiser les sauces.

Le Laurier camphrier est un arbre du Japon qui fournit le *Camphre*. Voici comment on l'obtient. On distille à l'eau chaude des racines et des branches de cet arbre; ces fragments sont mis, à cet effet, dans des vases de fer surmontés de chapiteaux en terre, garnis intérieurement de paille de riz, sur laquelle le Camphre volatilisé par l'action de l'eau chaude vient se déposer.

Les Lauriers, comme vous le savez, mes jeunes amis, sont des arbres toujours verts qui ne supportent que difficilement la température de notre climat, où ils restent à l'état d'arbustes quand les gelées d'hiver leur accordent quelque répit. Ce sont incontestablement des habitants des régions inter-tropicales où règne un printemps perpétuel : là ils forment des forêts entières sur les pentes des montagnes. On trouve dans l'île de Madère des Lauriers qui ont de 12 à 15 mètres de circonférence sur une hauteur de 30 à 40 mètres, et qui existaient déjà en 1419, lors de la conquête de l'île par les Espagnols. Parmi les Laurinées on cite encore l'*Avocatier (Persea gratissima)*, arbre de l'Amérique méridionale, dont le fruit en forme de poire est délicieux ; on le mange comme hors-d'œuvre ou avec les viandes.

Les poètes ont chanté le Laurier. Les Grecs et les Romains couronnaient de Laurier tous les genres de gloire. Ils en ornaient le front des guerriers et des poètes, des orateurs et des philosophes, des vestales et des Empereurs. On assure, en Grèce, que, par une vertu secrète, le Laurier éloigne la foudre.

Le Laurier a aussi sa légende ; voici celle imaginée par les poètes : « La belle Daphné, fille du fleuve Penée, fut aimée d'Apollon ; craignant de céder sous l'influence du plus éloquent des Dieux, elle s'enfuit ; Apollon la poursuivit ; bientôt il allait l'atteindre, quand la nymphe invoqua son père qui la changea en Laurier. »

Mais est-ce bien le Laurier Apollon que poétise cette légende? Ne serait-ce pas plutôt ce joli petit arbuste qui apparaît au sein des neiges, revêtu de sa charmante parure.

Le Lauréole femelle ou Bois-Gentil (*Daphné mezereum*) est un petit arbrissseau atteignant à peine un mètre, et que j'ai rencontré dans la forêt de Clairvaux ; ses fleurs roses et odorantes se montrent dès le mois de janvier, beaucoup avant les feuilles, et cachent, en la contournant en spirale, la nudité de la tige qu'on prendrait pour du bois mort. En voyant ces charmantes petites fleurs roses égarées au milieu de la forêt quand tout semble mort autour d'elles et que la neige craque sous les pieds, ne dirait-on pas en effet la nymphe Daphné vêtue encore de sa robe de printemps, fuyant, à demi-transie et bravant le rigoureux Aquilon, pour se dérober aux caresses d'Apollon.

Le Daphné lauréola, arbrisseau du même genre, mais dont les fleurs sont d'un jaune un peu verdâtre, croît dans les mêmes lieux que le précédent.

LE TAMARIN. — LA MANNE DES HÉBREUX. — LA ROSE DE JÉRICHO. — LE ROCOU. — LE NYMPHEA. — LA VICTORIA REGINA.

Je ne sais, mes jeunes amis, si vous avez remarqué, dans les jardins publics, de gracieux arbustes aux rameaux grêles, flexibles ; leurs feuilles capillaires et leurs longs panaches de petites fleurs rosées produisent un effet fort pittoresque au milieu des arbustes d'aspects sévères auxquels manque encore la parure printanière : ce sont des *Tamarix*, de la famille des TAMARISCINÉES.

Les anciens prêtaient à cet arbuste élégant et gracieux certaines propriétés médicinales puisqu'ils prescrivaient aux malades atteints d'affection de la rate, de boire dans des vases de Tamarix.

Une autre espèce, le Tamarix mannifère, croit dans l'Arabie-Pétrée et sur le mont Sinaï. Lorsque les rameaux et les feuilles de cet arbuste sont piqués par un petit insecte du genre cochenille, ils excrètent une matière mucilagineuse qui ne serait autre que la Manne dont se nourrirent les Israëlites dans le désert.

Cette Arabie-Pétrée ne vous semble-t-elle pas la terre des miracles? C'est du haut du mont Sinaï que Moïse, ce législateur incomparable, donna aux Israëlites cette loi immuable dont la morale est sublime : *Le Décalogue;* c'est encore là que, pour étancher la soif qui dévore son peuple, il fait jaillir une source d'un rocher, et c'est là qu'il découvre le Tamarix mannifère pour apaiser leur faim. Aussi cette grande figure du législateur des Hébreux nous apparaît-elle plus grande encore : Moïse était non seulement un législateur, mais encore un géologue et un naturaliste.

Puisque nous sommes en Orient, pays des merveilles, restons-y; peut-être y pourrons-nous opérer aussi notre petit miracle.

Voyez, cette petite rose: c'est la plante miraculeuse; c'est, disent les Arabes, un rameau du rosier sur lequel la Vierge étendait, pour les faire sécher, les langes de l'Enfant Jésus; aussi à quelles pratiques superstitieuses cette croyance populaire n'a-t-elle pas donné lieu! Désséchée comme elle l'est, cette plante est bien morte, n'est-ce pas? Si nous la ressuscitons. Trempez sa racine dans l'eau et elle va renaître à la vie.

Eh bien, mes amis, le *Jérose hygrométrique,* (*anastatica Jérochuntica*) vulgairement *Rose de Jéricho* n'a rien du tout de la Rose : « c'est une petite CRUCIFÈRE de 8 à 10 centimètres de hauteur qui croît dans les lieux sablonneux de l'Arabie, de l'Egypte, et de la Syrie ; sa tige se ramifie, dès la base et porte des fleurs sessiles, blanches, qui deviennent des silicules arrondies ; à la maturité de ces fruits, les feuilles tombent, les rameaux s'endurcissent, se dessèchent, se courbent en dedans et se contractent en un peloton arrondi ; les vents d'automne déracinent bientôt la plante et l'emportent jusqu'à la mer. » (LEMAOUT.)

De là elle est recueillie par ceux qui exploitent notre crédulité et nous la vendent fort cher, grâce à la propriété hygrométrique qu'elle possède et qu'ils connaissent ; aussi ne manquent-ils pas de nous dire que cette *rose* s'épanouit tous les ans au jour et à l'heure de la naissance de Jésus-Christ. Comme les choses surnaturelles ne sont plus de mode, je tenais à vous mettre en garde contre le charlatanisme des Arabes ; vous l'achèterez alors, si vous le voulez, mais à cause de sa propriété hygrométrique : car placée à l'humidité elle semble renaître à la vie pour se resserrer de nouveau quand elle se dessèche.

Mais je m'aperçois que j'ai omis de vous parler du *Rocou ;* c'était vraiment bien dommage.

Le *Rocouyer* (*Bixa Orellana*) de la famille des BIXINÉES, plantes tropicales, est un arbuste élégant, cultivé dans les serres de l'Europe et dont la hauteur peut atteindre, sous les tropiques seulement, 4 à 5 mètres. Ses feuilles sont cordiformes et ses fleurs rosées sont en panicules. Le fruit se compose d'une graine seulement recouverte par une pulpe d'un beau rouge et sentant la violette ; on en extrait

une matière résineuse très employée pour teindre
en rouge et en jaune : c'est le *Rocou*. Des marchands de comestibles s'en servent pour colorer la
cire et le beurre. Mais, — attendez, il y a un *mais*
— pour que le rocou conserve sa consistance molle,
il faut, de temps en temps, le pétrir avec de l'urine ;
heureusement jusqu'ici nos proprettes fermières
ne connaissent encore que le *souci* et le safran
comme matières colorantes, pour donner à leur
beurre cette teinte jaunâtre si appétissante ; espérons
qu'elles s'en tiendront là.

Pour terminer notre entretien, revenons à l'ombre
de ces saules que les ans ont courbés ; complètement évidés, ils n'ont plus que la peau sur les os ;
ce sont les vieillards de la vallée. Une légère brise
agite leur longue chevelure verte ; profitons de leur
bienfaisante hospitalité et asseyons-nous ici près de
l'étang : tout un monde, y grouille, y travaille, y
fourmille ; la Libellule étale avec orgueil ses deux
ailes de gaze, le Papillon ses jolies ailes diaprées,
l'Éphémère, hélas, dont les minutes sont comptées,
prend son vol et meurt ; et cette bulle d'air qui vient
à la surface ne nous indique-t-elle pas qu'au fond
de cette large coupe, naissent, vivent, se repro-
duisent, et meurent des êtres qui sont inconnus
encore et que nous étudierons.

Voyez cette plante magnifique dont les larges
feuilles rondes et vertes flottent à la surface de l'eau !
quel frais et gracieux parasol pour les habitants
du lac ! Cette plante est le *Nymphéa* de la famille
des *Nymphéacée*. La corole de celui-ci est blanche,

c'est le *Nymphéa Alba* ; celui dont la corolle est jaune, est le *Nymphéa Lutéa*. Examinez les fleurs ; elles sont portées sur de longs pédoncules cylindriques et sont composées d'un grand nombre de sépales et de pétales recouvrant l'ovaire divisé lui-même en plusieurs loges. Le Nymphéa est, sans contredit, une des plus belles parures de nos lacs et de nos bassins, aussi était-il, dès la plus haute antiquité, rangé parmi les plantes sacrées. Les anciens se nourrissaient de son rhizôme qui est féculent, mucilagineux et sucré ; ils connaissaient la propriété narcotique des fleurs ; ils la croyaient même aphrodisiaque.

C'est à cette famille qu'appartient *le Nélombo* (*Nelumbium speciosum*) des Egyptiens.

« Le Nélombo est le Lotos sacré des peuples de l'Orient qui voient dans sa fleur mystérieuse venant s'épanouir à la surface du Nil ou du Gange, le monde sorti du sein des eaux. Les feuilles du Lotos sacré ombragent les têtes d'Isis et d'Osiris ; elles servent de siège à Brama et de conque flottante à Vishnou ». (LEMAOUT.)

Mais laissons la fable de côté ; les graines du Nélombo servent de nourriture aux Indiens et aux Chinois.

L'*Euryale féroce* qui croit spontanément dans les lacs du Népaul, appartient à la même famille. Il a été importé chez les Chinois qui le cultivent pour son rhizôme dont ils font leur nourriture et pour ses graines sapides et rafraîchissantes.

Mais de toutes les Nymphéacées, la plus grande,

la plus riche, la plus belle est cette plante merveilleuse que l'on a dédiée à la reine d'Angleterre et qui porte le nom de *Victoria Regina*. Elle habite les eaux tranquilles des lacs peu profonds formés par l'élargissement des grands fleuves de l'Amérique méridionale.

Figurez-vous, mes jeunes amis, notre nénuphar avec des feuilles flottantes mesurant de 5 à 6 mètres de pourtour, — de vraies plaques tournantes de chemin de fer, — vertes en dessus, cramoisies en dessous, aux bords légèrement relevés, aux nervures saillantes, celluleuses, pleines d'air, hérissées d'aiguillons élastiques, et, au-dessus de ces feuilles gigantesques, une fleur plus gigantesque, plus magnifique encore étalant sa riche corolle blanche d'abord, passant ensuite au rose, au rouge, au violet, et au milieu de cette coupe merveilleuse des centaines d'étamines et de pistils d'or qui exhalent les parfums les plus suaves et vous n'aurez qu'une faible idée de la *Victoria Regina*, la merveille du règne végétal. Il n'y a vraiment que les régions tropicales pour présenter pareils prodiges!... mais écoutez ce récit :

« En 1845, un voyageur anglais, M. Bridges, suivant à cheval les rives boisées du Yacouma, l'une des Rivières tributaires du Mamoré, arriva devant un lac enclavé dans la forêt et y trouva une colonie de *Victoria*. Entraîné par son admiration, il allait se jeter à la nage pour en cueillir quelques fleurs, lorsque les Indiens qui l'accompagnaient l'avertirent que ces eaux abondaient en Alligators.

Ce renseignement le rendit prudent sans diminuer son ardeur; il courut à la ville de Santa-Anna dont le corrégidor lui donna des bœufs pour traîner un canot de la rivière jusqu'au lac qui renfermait les trésors, objets de son ambition. Les feuilles étaient si énormes qu'il ne put en placer que deux dans le canot, et il fut obligé de faire plusieurs voyages pour compléter sa récolte. S'étant chargé de feuilles, de fleurs et de capsules mûres, et voulant les emporter sans encombre, il les suspendit sur de longues perches, en soutenant les pétioles et les pédoncules avec de petites cordes ; puis il les fit enlever par ses Indiens qui, posant sur leurs épaules chaque extrémité de la perche, les portèrent ainsi dans la ville. » (LEMAOUT.)

Quelque extraordinaire que puisse nous paraître ce récit, il est cependant de la plus rigoureuse exactitude et les plus incrédules peuvent s'en convaincre. Grâce à la courageuse persévérance du voyageur Bridges et aux graines rapportées par lui, la *Victoria-Regina* étale ses feuilles gigantesques et sa magnifique corolle dans l'Aquarium des serres de Chatsworth.

Mais, ajoute le savant botaniste que nous venons de citer « les productions de la nature ne brillent pas seulemeut de leur propre beauté, elles s'embellissent encore du milieu qui les environne...

« Pour apprécier dignement la plante qui porte le nom de la reine d'Angleterre, il faut la voir dans son humble palais, encadrée d'un amphithéâtre de forêts primitives ; il faut la voir au milieu des immenses nappes d'eau, tiédies et illuminées par les soleils de la zone torride, étendre au loin ses feuilles lustrées, sur lesquelles les oiseaux échassiers et les passereaux insectivores marchent à grands pas en s'appelant d'une voix aiguë, tandis qu'au dessous d'eux, les Alligators circulent tranquillement entre les tiges de la plante qui les cache sous son ombrage. »

Eh bien ! mes jeunes amis, voyez comme la nature est pleine de contrastes : Ici, à la surface, cette plante, une des merveilles de la création, embaume l'air de ses suaves parfums ; sur ses feuilles, les oiseaux butinent tranquillement ; au-dessous, abrités sous cette magnificence, l'horrible ; des monstres hideux, de farouches alligators semant autour d'eux la terreur et la mort.

Si, dans notre climat, la nature est moins grandiose, elle n'en a pas moins de poésie, et ces nénuphars avec leurs coupes d'or me rappellent les plus douces années de ma jeunesse. Quelles délicieuses promenades nous faisions, alors que j'avais vingt ans, sur les larges fossés entourant l'ancien couvent où habitait mon père. Tantôt glissant sous les saules dont la longue chevelure grisâtre se baignait dans les flots, nous *frôlions* la berge, arrachant au passage la Pervenche à la coupe d'azur, la Marguerite au cœur d'or, le Lychnis purpurin (*Flos cuculi*) dont Mariette ornait son corsage ; ou bien, suivant le courant, nous allions à *vau l'eau*, sans pitié pour les Nénuphars, vaste tapis d'émeraudes parsemé d'étoiles d'or dont nous dérangions l'harmonie, sans pitié pour la Fauvette, sans souci de la Libellule. Mais derrière nous le sillage de notre frêle embarcation s'effaçait, tout rentrait dans l'ordre, et dans une douce quiétude, nous sentions toute la poésie de cette nature calme et tranquille : le chant des oiseaux nous semblait plus mélodieux, le parfum des fleurs plus pénétrant, et alors, nos deux âmes à l'unisson, nous jouissions du bonheur présent et faisions des rêves d'avenir : « tout le monde serait heureux autour de nous ». Illusion, mes jeunes amis, mais illusion bien douce que je vous engage à conserver le plus longtemps possible, car c'est la poésie de la jeunesse : Faire que tout le monde, autour de soi, soit heureux, quel beau rêve !...

LA DAUPHINELLE. — LE MAGNOLIA. — LE TULIPIER. — L'ARBRE HORLOGE. — L'ÉPINE VINETTE. — LE QUASSIA-AMARA. — LA RUE. — LA FRAXINELLE. — LE COTONNIER. — LE BAOBAB.

L'ordre des familles nous ramène à celle des Renonculacées dont je vous ai parlé dans mes entretiens de l'année derrière : c'est que le sujet est loin d'être épuisé.

Parlons un peu de la *Dauphinelle* ou *Pied d'Alouette* (*delphinium consolida*). Cette plante doit son nom au sépale supérieur de sa fleur qui est relevé comme la queue d'un dauphin. Voici ses caractères botaniques : pas de corolle; cinq sépales de son calice colorés ; quatre pétales quelquefois soudés entr'eux ; les deux inférieurs se prolongeant à la base en deux appendices contenus dans l'éperon; un fruit à trois capsules.

Cette charmante petite fleur des champs croît en abondance dans les moissons : c'est quand Cérès a doré les épis que la *Dauphinelle* et le *Miroir de Vénus* y viennent étaler leurs coquettes robes d'azur.

Le *Delphinium jacis*, une de nos plus belles fleurs cultivées, a été chanté par les poètes de l'antiquité. Ils racontent qu'Ajax, fils de Télamon, qui disputait à Ulysse les armes d'Achille devant l'assemblée des princes grecs, ayant été vaincu par l'éloquence de son rival tomba dans un délire furieux et se tua de désespoir, mais que les dieux touchés de pitié l'auraient changé en fleur.

La Dauphinelle des champs n'est pas seulement remarquable par sa coquette parure, elle possède aussi des propriétés diurétiques et vermifuges, et, si l'on en croyait la tradition, il suffirait de suspendre des fleurs de cette plante dans le cabinet d'un savant, — mais d'un vrai savant, entendons-nous, — pour qu'elles lui conservassent la vue.

Je vous parlerai plus loin de la Grenouillette, petite Renonculacée qui tapisse de sa corolle blanche la surface des étangs et des mares.

Voici un des plus beaux arbres du nouveau monde. Le *Magnolia-Grandiflora*, de la famille des Magnoliacées, est un végétal qui atteint jusqu'à 30 mètres de hauteur, dans la Caroline, son pays d'origine; il orne aujourd'hui nos jardins publics, qu'il embaume de ses suaves parfums; ses feuilles, longues de plus de 20 centimètres, sont persistantes; ses fleurs, d'un blanc très pur, dont le diamètre atteint jusqu'à 25 centimètres, se composent de trois sépales et de six pétales et sont très odorantes.

On classe dans la même famille le *Tulipier*, arbre de la Virginie, qui atteint jusqu'à 35 mètres de hauteur. Ce majestueux végétal avec ses fleurs en tulipes, jaune, vert, orange fait l'ornement de nos parcs européens. Ajoutons encore que la beauté n'est pas son seul partage : son écorce pourrait, au besoin, remplacer celle du Quinquina dont elle est un succédané.

A côté du Tulipier, on classe la *Badiane*, arbrisseau toujours vert, originaire de la Chine et dont le fruit aromatique et stimulant (*anis étoilé*) entre dans la composition de l'*anisette de Hollande*.

A côté encore vient se ranger le *Skimmi* (*Illicium religiosum*) ou Arbre-Horloge. Ses propriétés médicinales paraissent être les mêmes que celles de la Badiane ; mais il jouit, au Japon, d'une vénération toute particulière de la part des Bouddhistes qui prétendent que la vue de cet arbre rend leurs dieux favorables. Des rameaux de Skimmi ornent les temples des Dieux et la tombe des morts. « De plus, avec l'écorce pulvérisée, les veilleurs de nuit font un chronomètre ; ils remplissent de cette poudre des rigoles creusées dans la cendre et y mettent le feu ; elle se consume lentement, la combustion emploie un temps égal pour parcourir un espace déterminé ; c'est sur cet espace que se règlent les veilleurs pour annoncer l'heure au peuple en frappant sur des timbres. Cette singulière horloge est renfermée dans une boîte dont la longueur n'excède pas 30 centimètres, mais les rigoles sont nombreuses. Pour que la combustion soit régulière ils tiennent la boîte fermée, l'air y entre par un trou et la fumée en sort par un autre. (LEMAOUT.)

Je ne vous garantis pas, mes enfants, qu'une horloge aussi rudimentaire soit d'une précision mathématique et capable de régler le soleil.

Voici un échantillon ou plutôt un rameau d'un petit arbrisseau que j'ai trouvé près de Longchamps : c'est le *Vinetier* (*Berberis Vulgaris*) vulgairement Épine-vinette, de la famille des BERBÉRIDÉES. Le calice a six sépales ; la corolle, six pétales entourant six étamines et un stigmate sessile et persistant ; le fruit est une baie renfermant deux ou trois graines dont les oiseaux sont très friands : ces baies font d'excellentes confitures. Je comprends, mes enfants, qu'à votre âge on s'attache à connaître les plantes qui peuvent nous fournir un excellent dessert ; mais une autre particularité me fait appeler votre attention sur cet arbrisseau. Les étamines de sa fleur sont également très irritables. Le moindre contact, comme le chatouillement avec la pointe d'une aiguille ou le frôlement d'un insecte, les fait se redresser vivement du fond de leur cachette et se jeter sur le pistil. Cette irritabilité a été constatée dans bien d'autres fleurs encore.

Je ne vous parlerai qu'incidemment de l'*Anamirta Cœculus*, vulgairement *Coque du Levant*, arbrisseau de l'Asie Mineure dont les Indiens se servent pour enivrer et empoisonner le poisson. — Cet usage est bien un peu passé chez nous, parmi les braconniers de la pêche ; mais comme on peut s'empoisonner soi-même en mangeant du poisson pris de cette manière, et que ce genre de pêche est interdit par la loi, j'ai cru devoir vour prémunir contre ces deux écueils : la police correctionnelle et l'empoisonnement.

Si quelqu'un de vous a les fièvres, voici un excellent fébrifuge.

Le *Quassia-Amara* de la famille des SIMURABÉES est un arbuste que l'on trouve à *Surinam*, pays des fièvres. Il porte le nom d'un nègre, Quassi, qui, pour témoigner sa reconnaissance à un Hollandais son bienfaiteur, lui fit connaître les propriétés vermifuges de la racine de cette plante. C'est Linné qui eût l'idée de donner le nom de ce nègre au fébrifuge dont il venait de doter l'humanité.

La famille des RUTACÉES nous présente deux sujets assez remarquables :

La *Rue* (*Ruta Gravéola*) plante originaire de l'Afrique, très commune dans le midi de l'Europe et cultivée aujourd'hui dans nos jardins comme plante médicinale ; elle présente au moment de la fécondation un phénomène assez curieux : les étamines, au nombre de dix viennent successivement, et dans un ordre parfait, déposer le pollen de leurs anthères sur le pistil, après quoi elles se retirent et reprennent lenr position horizontale.

La *Fraxinelle* (*dictamus fraxinella*) présente un phénomène d'un autre genre ; ses fleurs en grappes sont chargées de petites glandes d'où s'échappe une huile odorante très volatile. Après une chaude journée d'été, ces vapeurs odorantes s'échappent en si grande quantité que si l'on approche de la grappe une bougie allumée, les gaz phosphorescents s'enflamment et brûlent sans endommager la plante.

Maintenant, si nous rapprochons des phénomènes que je viens de vous faire connaître, ceux observés dans la *Capucine* qui par un temps d'orage laisse échapper des étincelles électriques, dans la Balsamine dont l'irritabilité des capsules est telle qu'aussitôt qu'on les touche elles s'ouvrent avec uné grande force d'élasticité et projettent au loin la graine, ou dans les Oxalis où l'on tronve les symptômes de sensibilité observés déjà dans la Sensitive, est-ce que nous ne marchons pas d'étonnements en surprises en étudiant tout ce monde végétal aussi varié que nombreux? De quelles ressources dispose donc la nature pour produire tant de choses surprenantes !

Puisqu'il est convenu, qu'afin de ne rien omettre de ce qu'il y a de plus remarquable parmi les végétaux, nous suivons l'ordre des familles, je suis amené à vous parler d'un arbre bien modeste dans son port et dans sa mise, si ce n'est à l'époque de la dissémination de ses graines où il revêt sa belle tunique moelleuse d'une blancheur immaculée.

Le *Cotonnier* (*Gossypium*) de la famille des MALVACÉES est originaire de l'Asie et de l'Amérique, mais il est cultivé aujourd'hui dans tous les pays chauds. Sa fleur est composée d'un style cannelé terminé par cinq ou six stigmates, suivant les espèces, d'étamines très nombreuses, d'une corolle à cinq pétales et d'un calice double; sa graine, de forme ovoïde, est entourée de poils longs et soyeux faciles à filer, qui constituent cette matière si précieuse à l'humanité : Le Coton.

Je n'entrerai pas ici dans le détail des transformations que peut subir cette matière neigeuse qui entoure la graine du Cotonnier. Ce qui est certain, c'est que les Égyptiens connaissaient, depuis la plus haute

Fig 15. — Cotonnier.

antiquité, l'art de filer et tisser le coton et que les monuments de la littérature grecque sont parvenus à la postérité, écrits sur de la toile de coton. Aujourd'hui, son usage est répandu dans le monde entier; ces lignes sont tracées sur du papier de coton et vos vêtements si moelleux, depuis vos chaussettes jusqu'à votre coiffure sont encore du coton. De ses graines, on extrait une huile usitée pour les lampes. Aussi n'hésiterai-je pas à proclamer que le *Cotonnier* est un des présents les plus précieux que nous ait fait la nature.

C'est dans la même famille que nous trouvons le *Baobab* (*adansonia digitata*) une des merveilles du monde végétal ; encore un des géants de la création.

Le Baobab semble être originaire de l'Afrique tropicale, mais il a été transporté par l'homme en Asie et en Amérique. Son tronc n'a que 4 à 5 mètres d'élévation à partir du sol jusqu'aux premières ramifications, mais sa circonférence peut avoir jusqu'à 30 mètres et ses ramifications qui atteignent jusqu'à 20 mètres de longueur font que cet arbre extraordinaire peut couvrir de son ombre une surface de 40 à 50 mètres de diamètre ; ses racines n'ont pas moins d'étendue.

Le Baobab pourrait bien être considéré également comme le doyen du règne végétal. Adanson (1) dit en avoir vu qui n'avaient pas moins de 6,000 ans d'existence et à l'appui de son assertion, il donne un tableau de l'accroissement progressif de ce végétal extraordinaire. D'après lui, le Baobab aurait :

à	1 an	de 2 à 6 centimètres de diamètre et	1ᵐ60 de haut
—	20 ans	— 0ᵐ32	5 » —
—	30	— — 0 65	7 » —
—	100	— — 1 30	10 » —
—	1000	— — 5 »	19 » —
—	2400	— — 6 »	21 » —
—	5150	— — 10 »	24 » —

1 Adanson Michel, célèbre naturaliste français, né à Aix en Provence en 1772, d'une famille d'origine, mort en 1806. Il a publié, en 1757, *Histoire Naturelle du Sénégal*, et en 1763 ses *Familles des Plantes*.

Les caractères botaniques du Baobab sont les suivants : calice caduc, à 5 divisions ; fleurs blanches teintées de jaune ; corolle à cinq pétales de 16 à 25 centimètres de longueur ; six à sept cents étamines ; pistil surmonté de dix à dix-huit stigmates. Le fruit est une grosse capsule ligneuse, ovale, longue de 30 centimètres, contenant une pulpe aigrelette sucrée et rafraîchissante, très agréable au goût et qui entre dans l'alimentation des nègres du Sénégal, ainsi que les feuilles pulvérisées que, sous le nom de *Lalo*, ils mêlent à leurs aliments. La pulpe du fruit sert encore à un autre usage : séchée et mise en poudre, elle est, sous le nom de *Terre de Lemnos* et mêlée à de l'eau de Plantain, administrée comme vermifuge dans tout le Levant. Les cendres obtenues par l'incinération des fruits gâtés et de l'écorce ligneuse de l'arbre mélangées avec l'huile de Palmier donnent un excellent savon. Les abeilles prennent pour ruches, en Abyssine, des troncs de Baobab et le miel qu'elles produisent tire de cet arbre un parfum et une saveur qui le font rechercher des indigènes. Aux branches de ce colosse sont souvent suspendus des nids d'un mètre de longueur, sortes de hamacs tissés par des oiseaux en rapport avec l'arbre où ils ont fixé leurs demeures.

Il serait étonnant qu'un vieillard aussi vénérable ait pu traverser tant de siècles, assister à la naissance et au renversement de tant d'Empires sans qu'une croyance supersitieuse s'attachât à ses rameaux. C'est dans les flancs du Baobab creusés par

le temps que les nègres vont suspendre les cada-
vres de ceux jugés indignes de la sépulture ; c'est
surtout aux *Guériots*, poètes, musiciens, espèces
de troubadours ou de *fols* chargés d'amuser les
rois, et considérés comme sorciers, mais à ce titre
craints et honorés pendant leur vie, qu'est réservé
ce genre de tombeau. Après leur mort, le respect et
la crainte qu'ils inspiraient se change en horreur.
Malheur à qui confierait à la terre la dépouille de ces
génies malfaisants, il attirerait sur lui et sur les siens
la malédiction des Dieux. Et voilà pourquoi le corps
des Guériots est condamné à sécher au soleil dans
le corps du baobab, s'il ne devient pas la proie de
l'affreux boa ou du tigre féroce.

QUINZIÈME ENTRETIEN

LE CACAOYER. — LE TILLEUL. — L'ARBRE A THÉ. — LE MILLEPERTUIS. — L'O - RANGER.

Il y a quelques instants, je voyais plusieurs d'entre vous, grignotter des tablettes de chocolat ; je n'ai pas besoin de vous dire quel est son usage dans l'économie domestique : crême au chocolat, chocolat à la crême, pastilles, etc : tout cela vous est familier. Mais ce que vous ignorez sans doute c'est la provenance d'un aliment si nutritif et si généreux.

Le Chocolat provient du fruit du *Cacaoyer* (*Theobroma cacao*), arbre originaire du Mexique dont la culture s'est propagée en Afrique et en Asie ; il appartient à la famille des Buttnériacées, toutes plantes exotiques. Sa tige est ligneuse ; ses feuilles groupées ordinairement par deux, sont ovales lancéolées cordiformes ; la fleur est complète; calice, cinq sépales ; corolle, cinq pétales ; cinq étamines opposées aux pétales; filets soudés ; ovaire à cinq loges ; fruit capsulaire. Au milieu de la pulpe amère de son fruit se trouve la graine qui contient une huile fixe, une substance amère, une matière colorante rouge, de la gomme et un principe azoté cristallisable nommé *Téobromine*. Les graines, séparées de la pulpe, sont séchées au soleil; on les dépouille du testa qui les recouvre, on les torréfie, comme cela se pratique pour le café, puis on les broie : on a alors le *cacao* qui, mélangé avec du sucre et aromatisé de vanille ou de canelle pour le rendre plus digestif, donne ce que, tout à l'heure, vous grignotiez avec tant de plaisir. L'huile fixe exprimée de la graine pulvérisée au moyen de l'eau bouillante donne le *Beurre de cacao*, substance ayant la consistance du suif et qui ne se rancit pas; on l'emploie en pharmacie pour l'usage des médicaments externes.

Les serres du Muséum contiennent quelques Buttnériacées, cultivées comme plantes d'ornement.

Voici un arbre originaire de la Flore intertropicale mais qui s'est bien acclimaté chez nous comme vous le verrez tout à l'heure ; c'est un parent un peu éloigné déjà du cacaoyer. Le *Tilleul*, (*Tillia parviflora*) et (*Tilia Grandiflora*) appartiennent tous deux à la famille des Tilliacées. Je me dispenserai de vous décrire cet arbre que vous rencontrez à chaque pas, qui, les soirs du mois de juillet, embaume l'air du parfum de ses fleurs et dont le vert feuillage ombrage si agréablement nos promenades publiques ; mais voici ses caractères botaniques : arbre à feuilles simples, alternes, munies de deux sépales; fleurs en bouquets axillaires, à pédoncule porté sur une longue bractée; cinq sépales, cinq pétales portant une fossette nectarifère à la base de l'onglet : c'est le flacon du parfum de la fleur, style à cinq stigmates, étamines nombreuses, hypogines; capsule à cinq loges; fleurs d'un jaune pâle, odorantes, très recherchées par les abeilles.

Ces fleurs contiennent une huile volatile, du sucre, du mucilage, de la gomme et du tannin; leur infusion est antispasmodique et diurétique, mais il faut les séparer de la bractée colorée qui les accompagne à cause de ses propriétés astringentes. Ses graines huileuses pourraient être utilisées comme celles du cacaoyer, ajoute M. Lemaout, mais alors, pourquoi ne pas les utiliser? Préférerons-nous toujours rester tributaires de l'étranger? Avec l'écorce du Tilleul on fait des cordages; on l'emploie aussi comme vulnéraire; son bois est employé par les menuisiers, les tourneurs et les sculpteurs; on en tire un charbon très estimé; cet arbre est surtout utilisé pour l'ornement de nos promenades publiques : à tous ces titres vous voyez, mes jeunes amis, que le Tilleul ne fait pas trop mauvaise figure dans le vaste empire de Flore.

Je vous disais en commnençant cette causerie, que le Tilleul s'était parfaitement acclimaté chez nous, en voici des preuves.

Près des ruines de l'ancienne église de Poigny, près Provins, existent des tilleuls qui, selon la tradition, auraient plusieurs siècles d'existence. Plantés devant le porche de l'église, ils ont dû précéder sa démolition qui eut lieu au xve siècle ou au commencement du XVIᵉ siècle ; j'ai vu également et en pleine végétation, à Bar-sur-Aube, près des ruines de l'église Sainte-Germaine détruite en 1442, des tilleuls énormes dont la plantation a dû précéder la démolition de cet édifice et cependant le terrain dans lequel ils sont implantés est bien aride.

Le tilleul de Neustadt (Allemagne) cité par tous les botanistes comme un géant du règne végétal est un arbre dont on ne peut pas dire l'âge. Il se divise à son sommet en [deux grosses branches, dont l'une atteint une longueur de 35 mètres, l'autre fut brisée en 1474. Le couronnement de cet arbre décrit une circonférence de 133 mètres, soutenue par cent six colonnes de pierres; les deux du levant portent les armoiries du duc Christophe de Wurtemberg et la date de 1558 ; plusieurs autres portent les noms de ceux qui les ont fait élever.

Une autre dans le château de Nuremberg aurait été planté sous le règne de l'impératrice Cunégonde (Vᵉ siècle) ; il aurait donc plus de huit cents ans. « Autour de ce Tilleul, objet de la vénération des Allemands, on a placé les quatre statues emblématiques de la Bavière, de la Souabe, du Wurtemberg et du Tyrol ». Prés de Morat, en Suisse, se trouve un tilleul qui fut planté en 1476 pour célébrer la victoire des Helvétiens contre le puissant duc de Bourgogne, Charles le Téméraire ; il a une circonférence de 5 mètres.

Enfin, « près de Fribourg, dans le village de Villars en Moing, est un autre tilleul qui, selon la tradition, était déjà célèbre en 1476 par sa grosseur et sa vétusté, car des tanneurs, profitant de la confusion causée par la bataille de Morat, le mutilèrent pour en avoir l'écorce. Il a aujourd'hui 12 mètres de circonférence et 24 mètres de hauteur; il se divise, à 3 mètres de hauteur, en deux grandes masses, subdivisées, elle-mêmes, en cinq autres, toutes touffues et bien saines [1]. » Le Tilleul de Fribourg est probablement le doyen des végétaux européens, ce qui ne l'empêche pas de jouir encore d'une verte vieillesse et de se revêtir tous les ans de sa fraîche et odoriférante parure. Combien de générations peut bien avoir vu naître et mourir ce vénérable vieillard, qui planté par la main d'une sainte et d'une impératrice, continue à prodiguer aux Fribourgeois protestants et républicains ses parfums les plus suaves.

Les botanistes citent comme appartenant à la même famille le *Spannannia Africana*, arbrisseau du Cap, cultivé dans nos serres et dont les anthènes de la fleur sont irritables : elles s'éloignent du style quand on les touche.

Tout le monde connaît le Camélia, magnifique arbrisseau toujours vert, cultivé dans nos serres, et dont on compte aujourd'hui plus de sept cents variétés. Il appartient à la famille des Ternstrœmiacées, drôle de nom, ma foi, mais que cependant vous devrez vous rappeler, dussiez-vous l'écrire septante fois sept fois, à cause de la plante si utile qui s'y rattache et que je vais vous faire connaître.

---

[1] Louis Figuier. *Histoire des Plantes.*

Le *Thé de Chine (Théa Chinensis)* est, comme son frère le Camélia dont nous venons de parler, un arbrisseau originaire de la Chine, où il est cultivé en grand sur le flanc des montagnes. Je ne vous apprendrai rien, en vous disant que ses feuilles infusées dans l'eau fournissent une boisson stomachique appréciée du monde entier.

On distingue plusieurs sortes de thé, quoique toutes proviennent du même arbuste; il s'en fait trois récoltes; la première, lorsque les bourgeons commencent à apparaître : c'est le *thé impérial*, c'est le plus apprécié ; la seconde a lieu un peu plus tard, et enfin la dernière se fait quand les feuilles ont pris tout leur développement; séchées ensuite sur des plaques de tôle chauffées par un fourneau, ses feuilles sout roulées à la main, avec le plus grand soin pour être livrées au commerce. Le *thé vert* et le *thé noir* appartiennent à une même espèce, et ce qui distingue le second du premier, c'est que le *thé noir* a subi une préparation particulière avant sa dessication.

La fin de la récolte du thé, en Chine, est suivie de réjouissances publiques. Les peuples de l'Asie tirent un grand parti des feuilles de thé dont ils exportent en Europe plus de 10 millions de kilogrammes ; eux-mêmes en font une grande consommation ; après avoir bu l'infusion ils mangent les feuilles bouillies et y trouvent un aliment très substantiel, car elles contiennent un tiers au moins de leur poids de *caséine*, substance très nutritive.

Si vous aimez les noix, voici de quoi vous satisfaire ; le *caryocar*-porte-noix en a de la grosseur de la tête d'un homme ; seulement, c'est à la Guyane ou au Brésil qu'il les faut aller chercher et sur un arbre fort élevé. Emportez une échelle surtout et ne secouez pas trop fortement les branches car la chute d'un de ces fruits pourrait légèrement vous endommager. Le bois du porte-noix est très apprécié par les constructeurs.

Si nous continuons à remonter l'échelle des êtres organisés nous rencontrons sur notre route la famille des GUTTIFÈRES, végétaux qui laissent découler de leurs tiges un suc jaune ou vert renfermant une résine âcre et un principe gommeux. Un des principaux sujets de cette famille est le *Guttier*, arbre de Ceylan dont le suc épaissi au soleil forme une masse solide, opaque, luisante, fragile, d'un rouge safran ; c'est la *Gomme-gutte*.

Un cousin germain du Guttier, mais qui ne lui ressemble, ni comme port, ni comme taille, c'est le *Millepertuis perforé* (*Chypericum perforatum*), plante vivace que l'on rencontre dans les lieux secs et incultes des environs de Paris. Voici ses caractères botaniques : Tiges de 3 à 8 décimètres de hauteur, droite, rameuse, glabre ; feuilles opposées, sessiles, ovales, oblongues, obtuses, nerveuses, parsemées de points glanduleux translucides ; calice à cinq sépales lancéolés, très aigus, ponctués ; cinq pétales, cinq styles longs, divergents à stigmates rouges, fleurs jaunes en panicules ; fleurit de juin à août. Les sommités fleuries de cette plante contiennent deux prnicipes colorants : l'un jaune, l'autre

Fig. 16. — Thé.

6

rouge. Infusées dans l'huile, elles sont employées en frictions contre les douleurs goutteuses; infusées dans l'alcool, elles font partie du *Baume du commandeur*. C'est une plante à récolter. Le Mille-pertuit appartient à la famille des HYPÉRICINÉES.

Les SAPINDACÉES nous fournissent le *Savonnier* dont la pulpe du fruit écume dans l'eau comme du savon et sert aux Antilles pour le blanchissage des toiles, et le *Serjania Lethalis*, arbrisseau du Brésil dont le suc résineux et narcotique enivre le poisson. C'est dans la fleur de cet arbuste que la guêpe Léchéquena recueillit le miel vénéneux qui faillit coûter la vie au célèbre botaniste Auguste de Saint-Hilaire.

Ah! voici la famille des HESPÉRIDÉES!

Ces magnifiques arbustes dont la feuille est d'émeraude, le calice d'argent et le fruit d'or sont originaires de l'Asie tropicale; ils sont aujourd'hui répandus dans toutes les contrées chaudes du globe.

Les feuilles de l'Oranger sont alternes, sans stipules, d'un beau vert lisse vernissé; les fleurs... Mais qui ne connaît les fleurs de l'oranger?... Est-ce que, vraies ou fausses elles n'ornent pas la couronne nuptiale de nos jeunes mariées!

C'est en 1421 que fut importé en France l'arbuste qui orne encore aujourd'hui la serre du jardin de Versailles; il compte donc quatre cent soixante-quatre printemps. Un bel âge, ma foi. Ce fameux oranger connu sous les noms de Grand-Bourbon, Grand Connétable, François Ier et dont le tronc a 7 mètres de hauteur et la tête 15 mètres de circonférence est bien probablement le géant et le patriarche des membres de la famille des hespéridées exilés sur le sol de la France. Puisque nous connaissons si bien son âge, établissons sa monographie.

Ce fameux Bigaradier a eu une existence assez tourmentée. Planté en 1421 par le jardinier de la reine de Navarre, il fut élevé à Pampelune, capitale du royaume, et vint à Chantilly par succession. Le connétable de Bourbon, seigneur de Chantilly, ayant pris parti pour Charles Quint, contre François Ier, celui-ci fit confisquer les biens du connétable et l'Oranger, unique en France, fut transporté à Fontainebleau, en 1532. En 1684, Louis XIV le fit transporter au château de Versailles où il trône encore et étonne par son beau port, son vert feuillage et sa prodigieuse fertilité, toutes les plantes réunies dans ce vaste empire de Flore.

De tout temps les poètes ont chanté l'Oranger, le plus bel arbre de la création. Il fut célèbre dès la plus haute antiquité. Les fameuses pommes d'or qu'Hippomène lança dans l'arène pour vaincre la belle Atalante à la course n'étaient-elles pas de splendides oranges dérobées au jardin des hespérides ? Est-ce que la pomme d'or adjugée par Pâris à Vénus pour prix de la beauté n'était pas une orange ?

Les principaux genres de la famille des Hespéridées sont : le *Citronnier* (*citrus*) ; c'est le type de la famille ; il vient en pleine terre dans les régions tropicales et tempérées ; en France, il faut l'abriter pendant l'hiver ; le *Bigaradier* (*citrus vulgaris*) ; le *Limetier* (*citrus limetta*) ; le *Bergamotier* (*citrus bergamota*) ; les *Limonier* (*citrus limonium*) dont on fait le *sirop de limon* ; le Cédratier (*citrus médico*) ou Citronnier proprement dit.

« Le Cédratier n'a été connu en Europe qu'après les guerres d'Alexandre qui l'a trouvé croissant spontanément en Perse et en Médie. Voici comment Virgile parle de cet arbre. « La Médie produit une pomme salutaire, d'une saveur acerbe et lente à mûrir. Lorsque la marâtre perfide a versé dans les coupes le suc des herbes vénéneuses, en prononçant sur elles des paroles malfaisantes, la *pomme de médie,* prompt et puissant remède, vient au secours de la victime et chasse de ses veines le noir poison. L'arbre qui la porte est de haute stature et son aspect est celui du Laurier ; ce serait même un Laurier si l'odeur qu'il répand au loin n'était pas différente. Le souffle des vents impétueux ne peut faire tomber ses feuilles ; sa fleur n'est pas moins tenace, les Mèdes les cueillent pour réchauffer leur haleine, et son parfum relève les forces des vieillards haletants. »

Le Cédratier était, pour les Juifs, un arbre sacré ; à de certains jours il était nécessaire que les fidèles aient de ses rameaux à la main pour que l'entrée du temple leur soit permise. Joint au Saule et au Palmier, il forma des thyrses pour la fête des Tabernacles. Si les fruits du Cédratier jouaient un rôle dans les évocations et les pratiques des magiciens du XVIᵉ siècle, il était aussi d'usage d'en offrir aux personnes que l'on recevait en visite, et si les filles de la cour en emplissaient leurs poches et les mordaient à belles dents pour se rendre les lèvres vermeilles c'est qu'ils étaient servis en abondance sur la table des rois. Plus tard les écoliers l'offraient à leurs professeurs après y avoir renfermé des pièces d'or. Voilà au moins un usage que les professeurs n'auraient jamais dû laisser s'abolir.

Tout le monde connaît aujourd'hui la saveur un peu aigrelette et rafraîchissante du fruit de l'oranger. Mais l'espèce la plus utile quoique la moins agréable est celle du Bigaradier (*citrus vulgaris*). Sa baie nommée *Bigarade* ou *orange amère*, n'est pas comestible, mais on se sert du suc pour assaisonner le poisson et sa pulpe, adoucie par le sucre, fait d'excellentes confitures ; elle fournit les fleurs qui servent à distiller l'*eau des fleurs d'oranger* et l'*essence de néroli ;* ses feuilles s'emploient en infusions antispasmodiques et c'est l'écorce de son fruit que l'on préfère, parce que toutes ses parties sont plus aromatiques que celles de l'oranger.

Les *Chinois* dont il se fait une si grande consommation sont les fruits du *citrus myrtifolia*, confits à l'eau-de-vie.

Enfin et pour terminer, c'est à la fleur d'oranger symbole de l'innocence et de la virginité qu'appartient le doux privilège de former le bouquet des jeunes mariées.

Tel, l'or pur étincelle au milieu des métaux
Tel brille l'oranger parmi les végétaux ;
Seul dans chaque saison, il offre l'assemblage
De fruits naissants et mûrs, de fleurs et de feuillage.

Ni l'ambre que la mer épure dans ses flots,
Ni le myrte qu'amour apporta de Paphos
Ni le souffle charmant de l'aube matinale.
Ne sauraient approcher du parfum qu'il exhale.   (CASTEL.

SEIZIÈME ENTRETIEN

LE PISTACHIER. — L'ANACARDE. — LE SUMAC. — LE ROBINIER. — LE GRENADIER. — LE MYRTE. — LA MARMITE DU SINGE. — UNE FORÊT DU NOUVEAU MONDE.

Sortis à peine des forêts d'Orangers, pénétrés encore de la suave odeur qui s'échappe de leur blanche corolle, nous rentrons au milieu des TÉRÉBINTHACÉES, arbres étranges dont la sève exsude tous les parfums de l'Orient. Voici le *Pistachier lentisque* des îles de l'Archipel et le *Pistacia atlantica* de la Mauritanie. Faisons dans l'écorce de ces arbres une légère incision. Déjà le suc qui en découle se solidifie; imitons les Orientaux qui s'en servent pour parfumer leur haleine et se raffermir les gencives. Hé! ces délicieuses petites dragées, d'un jaune d'ambre, ont vraiment une saveur et une odeur très agréables! Voici maintenant le *Pistachier* Térébinthe, arbre de la région méditerranéenne et qui donne la *Thérébentine de Scio;* heureusement, un vil insecte a troué cette feuille et grâce à cette gale que la piqûre a produite, je vais fumer la petite corne allongée que vous voyez (caroube de Judée) pour me soulager un peu des souffrances que me cause mon asthme.

Si nous goûtions aux amandes vertes suspendues aux rameaux de ce *Pistachier vrai* dont nous sommes redevables à la Perse ; il s'est par ma foi bien acclimaté dans toute la région méditerranéenne ; que les colons d'Afrique le cultivent, nos confiseurs et nos glaciers ne s'en plaindront pas.

Avançons un peu dans la zone intertropicale et goûtons du fruit de ce *Manguier*. Sa saveur parfumée, sucrée un peu aigrelette est très agréable au palais ; cependant usons-en modérément, car il est très laxatif et en outre il occasionne les éruptions de pustules ; mais bourrons nos poches du suc âcre qui découle de son écorce après qu'il se sera solidifié, cela pourra nous être utile pour guérir les diarrhées chroniques si communes dans ces contrées ; bizarrerrie de la nature ! le fruit du Manguier donne la diarrhée et le suc qui découle de son écorce la guérit.

Quel drôle d'arbre, quel fruit étrange ! Une énorme noix supportée par une poire ! c'est l'*Anacarde* ; il nous vient des Antilles. Goûtons à cette poire qui n'est que le pédoncule du fruit ; la saveur en est assez agréable et gardons la noix qui pend en dessous de la poire : c'est encore un remède contre la diarrhée. Les graines de l'*Anacarde orientale* fournissent le *vernis de la Chine*.

Faut-il nous arrêter près des Sumacs ? En voici

pourtant un qui mérite quelque attention : c'est le
Sumac Fustet (Rhus cotinus). Les médecins prétendent qu'il est un succédané du Quinquina. Cet autre,
Sumac vernis nous donne le *vernis du Japon.*
Passons vite et sans nous arrêter près de ces deux
espèces : *Sumac radicans* et *Sumac vénéneux,* ce
sont deux êtres malfaisants ; le suc laiteux qui découle en abondance de leur écorce au moment de
la floraison est d'une âcreté si intense, et il se vola-
tilise avec tant de facilité que l'air en est vite saturé ;
alors malheur à l'imprudent qui se repose sous son
ombrage ; son corps est bientôt couvert de déman-
geaisons et de pustules, sinon dangereuses mais du
moins fort gênantes et fort désagréables.

Voici enfin les BURSÉRACÉES. Ce sont des arbres à
sucs résineux exempts d'âcreté qui nous donnent
l'encens et la myrrhe, parfums dont parlent beaucoup les livres sacrés. Le premier est encore en
usage dans les cérémonies du catholicisme ; le second
provient du *Balsamodendron-Kataf,* de l'Arabie heureuse. Le *baume de la Mecque* provient également
d'un Balsamodendron, aussi de l'Arabie heureuse ;
on l'obtient en faisant avec la pointe d'un silex, des
incisions dans l'écorce de l'arbre. La *résine Élémi
occidentale,* provient de l'*Icica-icariba* du Brésil ; le
baume Alcouchi vient d'un autre Icica ; la résine
Chibou et la *résine Caraque,* produits pharmaceu-
tiques, proviennent d'arbres ou arbrisseaux de la
même famille. Après l'énumération de tous ces noms
étranges, brûlons une cassolette d'Encens ou de
Myrrhe et prions les dieux de nous être favorables,

car nous avons de vastes contrées encore à parcourir.

Nous arrivons à la famille des LÉGUMINEUSES, une des plus utiles et des plus répandues du monde végétal, car on la rencontre dans les zones glaciales, dans les zônes tempérées comme dans la zône intertropicale. Parmi les plantes de cette famille, je me bornerai à vous citer les suivantes, toutes les autres ayant été étudiées l'année dernière.

Le *Robinier* ou *faux acacia* est connu ici sous le nom d'*Acacia*; ses fleurs, riches en nectar, sont recherchées par les abeilles pour distiller du miel; par les ménagères, pour en faire d'excellents beignets, et par les distillateurs pour en extraire le parfum qui leur sert à falsifier l'*eau* de *fleurs d'Oranger*. Je vous ai parlé précédemment de la position que prennent ses feuilles pendant le sommeil de la plante.

L'Arachide souterraine (*Arachis hypagœa*) est une plante annuelle du Brésil dont le pédoncule s'allonge après la fécondation et se recourbe vers la terre de manière à y faire pénétrer l'ovaire à une profondeur de 5 à 6 centimètres.

Le *Sophora du Japon* dont une variété cultivée aujourd'hui dans les jardins d'Europe sous le nom de *Sophora Pleureur*, sert à former de gracieuses tonnelles ; sa gousse contient une matière colorante jaune, employée à teindre les vêtements des empereurs du Japon.

C'est encore dans la famille des Légumineuses que nous trouvons la plupart des bois exotiques employés dans l'industrie : bois du Brésil, bois de Campêche, Indigo, bois d'Aloës qui répand en brûlant une suave odeur de Benjoin ; les Indiens le font entrer dans leurs pastilles, composées, dit-on, d'Ambre, de Musc, de Cannelle, de Rhubarbe, de Rubis, d'Emeraude, de Grenat, etc. et qu'ils regardent comme un puissant antidote. Enfin c'est dans les Légumineuses que l'industrie et les arts trouvent la *résine Copal*, le *baume de Copahu*, le *baume du Pérou*, le *baume de Tolu*, la *gomme Adragante*, la *Casse*, le *Séné*, le *Cachou* ; le *bois d'Amaranthe*, le *Palissandre*, le *bois de Rose*, le *bois Néphritique*, le *bois de Grenadille*, l'*Ébène noire*, le *bois de fer*, le *bois de Perdrix*, etc. etc., enfin le *Sainfoin oscillant* et la *Sensitive* dont je vous ai parlé précédemment. Vous voyez, mes jeunes amis, quelle place tient dans le règne végétal cette utile et intéressante famille.

Je ne crois pas nécessaire de vous parler longuement du *Grenadier*, charmant petit arbrisseau dont la corolle rouge tranche si agréablement sur son feuillage vert. Le pauvre petit être est bien isolé ici ; seul il constitue toute sa famille. Originaire de la Mauritanie, il fut transporté dans la région méditerranéenne où il s'est acclimaté. L'écorce de Grenadier est administrée pour expulser le *Tænia* ou ver solitaire.

Changeons encore une fois le théâtre de nos excursions et allons dans les régions intertropicales étudier l'intéressante familles des Myrtacées. Le premier sujet qui se présente à notre étude est le Myrte (*Myrtis communis*), charmant petit arbrisseau des bords de la Méditerranée, odoriférant dans toutes ses parties, surtout dans ses élégantes petites fleurs blanches d'une odeur si agréable. Le Myrte était connu des anciens qui l'avaient consacré à Vénus. A Athènes, les magistrats portaient des couronnes de Myrte, comme le faisaient les poètes lorsqu'ils récitaient des vers d'Eschyle et de Simonide. On invitait, dans les festins, les convives à chanter des vers épicuriens en leur passant une branche de Myrte, avec la lyre. Enfin les anciens croyaient que le vin dans lequel on avait fait macérer une branche de Myrte préservait de l'ivresse et qu'une couronne de Myrte suffisait pour dissiper les fumées du vin. Toutes ces croyances aussi bien que le vertus médicinales qu'on lui prêtait sont tombées en désuétude. Mais le Myrte est et restera le joli petit arbuste que nous connaissons et qui dans son charmant feuillage vert constellé d'étoiles blanches contient tant de poésie.

Le plus important arbuste de la famille des Myrtacées est le *Giroflier*, originaire des îles Moluques et cultivé en grand aujourd'hui dans nos colonies, grâce à l'énergie extraordinaire d'un officier de marine français. Le clou de Girofle est la fleur cueillie avant son épanouissement, alors que les quatre pétales sont encore imbriquées en voûte au-dessus du pistil. On la fait sécher au soleil et on l'expédie en Europe.

Mais le géant de la famille est l'*Eucalyptus*, arbre géant de l'Australie, son pays natal. Muller, dans son *Rapport sur la colonie Victoria*, cite un *Eucalyp-*

tus colosséa qui avait 122 mètres de hauteur ; des *Eucalyptus amigdalinus* dont l'un avait 128 mètres et l'autre 145 mètres de hauteur, 40 mètres plus haut que le dôme des Invalides : c'est à vous donner le vertige. Je vous citerai, pour terminer, le *Couroupita*, grand arbre de l'Amérique tropicale à fleurs roses d'odeur suave ; son fruit, gros comme la tête d'un enfant, est très savoureux : on l'a nommé *Boulet de canon*. Le *Sapucaya*, un des plus grands arbres du Brésil, a, comme le végétal précédent, un fruit très gros et capsuleux s'ouvrant transversalement ; il sert à faire des vases et des marmites, de là son nom populaire de *Marmite de singe*.

En entendant décrire tant de végétaux extraordinaires, n'éprouvez-vous pas le désir, bien naturel du reste, de visiter ces contrées privilégiées de la nature qui renferment tant de merveilles. Eh bien, mes jeunes amis, nous allons, si vous le voulez, en compagnie d'un savant, nous transporter à Parangua (Brésil) ; soyez tout oreilles.

« Cette végétation commence par des *Mangliers* dont le pied est dans la mer et dont les nombreuses racines qui s'élèvent au-dessus du sol en se croisant en tous sens supportent le tronc à une certaine hauteur en laissant les eaux remplir leurs intervalles. Les bois s'étendent ensuite sans interruption jusqu'au sommet des montagnes élevées qui entourent la baie. Près de Parangua seulement de petits sentiers permettent de circuler à une seule personne à la fois ; ailleurs sont d'immenses forêts dans lesquelles il faut se frayer un chemin en coupant les lianes qui pendent de tous côtés.

« L'aspect de cette végétation encore tropicale, car Parangua n'est qu'à deux degrés du tropique du capricorne est admirable. A chaque pas on rencontre, couvertes de fleurs, dans les forêts, ces curieuses *Orchidées* Epiphytes, ces Broméliacées, Billbergias et Pictairnias, l'ornement de nos serres d'Europe et qui croissent là, en parasites sur des arbres gigantesques. Des bois entiers de Palmiers s'élevent à d'énormes hauteurs sous leurs voûtes dans les lieux humides, ou se perdent dans d'immenses touffes de Balisiers, de Costus, d'Héliconias, etc. Les Fougères en arbres, actuellement si rares et qui dominèrent dans la première végétation de notre globe, se voyaient aussi au milieu des forêts vierges que nous traversions. Des oiseaux nombreux couverts des plus vives couleurs, des Pris, des Toucans, des Perruches, etc., remplissaient ces bois, et nous avons entendu, de loin, la voix forte et vibrante du singe parleur.

« Si nous cherchons à analyser le caractère général d'une forêt vierge américaine, nous devons d'abord signaler que la masse générale se compose d'une réunion d'arbres dicotylédonés appartenant à un nombre considérable de familles du règne végétal. Au point de vue de l'aspect et du port, il y a lieu de distinguer plusieurs formes particulières. En premier lieu, nous devons citer les arbres à feuilles doublement composées appartenant à la famille des Légumineuses, arbres qui atteignent pour la plupart des dimensions gigantesques. Leurs feuilles souvent très grandes et formées par la réunion de fines et délicates folioles, laissent souvent apercevoir le ciel au milieu de leur ensemble : c'est un feuillage un peu vaporeux, à verdure assez claire en général, et dont le gracieux effet manque complètement dans nos forêts. A cette première forme nous devons opposer les grandes feuilles palmées ou digitées, tantôt cotonneuses, tantôt vernissées, d'une multitude de Malvacées, de Bombax, de quelques Euphorbiacées et de certains *Bignonia*, espèces donnant des arbres touffus et à ombres épaisses. Une troisième forme prédominante est celle des végétaux à feuilles lancéolées, de grandeur petite ou moyenne et à verdure noirâtre mais laiteuse, lesquels produisent également des amas de feuillages impénétrables. A ce groupe considérable appartiennent les Myrtacées, les Lauriers, la plupart des Thérébintacées, les Ficus, un grand nombre de Malpighiacées, etc. Les grands arbres de la famille des Mélastomacées, l'une des plus dominantes dans les forêts, avec leurs troncs droits et élevés supportent une vaste tête arrondie, avec leurs feuilles également lancéolées à nervures longitudinales caractéristiques, mais de dimensions beaucoup plus grandes que les précédentes et d'un vert plus clair et blanchâtre en dessous, avec leurs belles et grandes fleurs roses violettes ou blanches réunies à l'extrémité des rameaux composent un quatrième groupe, très remarquable. A ces quatre formes principales de grands arbres présentant d'ailleurs mille variations de détail, il faudrait encore joindre le groupe des Méliacées et des Cédrélacées, avec leurs grands feuillages délicatement découpés, et celui de certains arbres à feuilles vastes, épaisses et charnues, groupe auquel appartiennent diverses Guttifères, quelques Ficus, plusieurs Myrsinées, etc.

« Pour bien se figurer une forêt tropicale il faut mélanger, par la pensée et de toutes les manières, ces différentes formes de végétaux avec leur multitude de variétés; il faut s'imaginer les troncs et les branches gigantesques de ces arbres séculaires, couverts d'une infinité de parasites, les uns aux fleurs éclatantes comme celles de la majeure partie des broméliacées et des Tillandsiées ou bizarres comme celle des Orchidées épiphytes, les autres aux feuilles délicates comme mille Fougères, ou, grandes et charnues, comme cent Aroïdées diverses; il faut se représenter, en outre, les admirables chapiteaux formés par une multitude d'espèces de Palmiers, tantôt élancés et portant leurs cîmes au niveau supérieur de la forêt, comme les Palmiles, tantôt à tronc court et à feuillage condensé, comme les Acrocomia qui se mêlent à une multitude de plantes, toutes à port spécial et remplissant le bas de la forêt, Cannées, Musacées, Agaves, Pipéracées, Begonias, etc. Ensuite, qu'aux vastes parasols des Palmiers on joigne, dès qu'on s'élève un peu au-dessus du niveau de la mer, ceux des Fougères arborescentes et de quelques jeunes Cassia à grandes feuilles pennées, qu'on y mêle les formes bizarres du Cécropia et du Carica, qu'on s'imagine encore les innombrables faisceaux produits par les Cuscutes, les Loranthes, parasites curieux, tombant comme des crinières gigantesques des branches qui les supportent, puis, que l'on se figure le tout rempli par une multitude de lianes appartenant à vingt familles végétales différentes: Passiflores, Malpighiacées, Sapindacées, Dilléniacées, Guttifères, Légumineuses, Apagnées, Aristoloches, Orchidées, etc., enfin, que l'on place cet ensemble sur un sol accidenté comme celui du Brésil, et l'on aura une image de la forêt vierge et de son caractère incroyable de variété dont nos bois d'Europe, avec leurs essences d'arbres peu nombreuses, ne peuvent pas donner la plus légère idée.

« Les lianes, les unes munies de vrilles, les autres volubiles, d'autres encore simplement sarmenteuses forment un lacis inextricable. Leur aspect varie plus encore que celui des milliers d'espèces d'arbres qui les supportent. On en trouve en abondance dans toutes les régions intertropicales, mais nulle part, elles ne sont aussi nombreuses que dans l'Amérique. Des familles entières, comme les Passiflores, les Malpighiacées, les Aristoloches, les Ampélidées, etc., appartiennent presque complètement à ce continent, et chacune d'elles contient des centaines d'espèces. Il en est, comme la *Clusia insignis* parmi les Guttifères, qui arrivent à étouffer et à faire périr complètement, les arbres autour desquels elle s'enroulent, aussi leur a-t-on donné, au Brésil, le nom de *Mata puo* (tueur d'arbres). C'est la multitude étonnante de parasites dont les plus remarquables,

les Broméliacées et Tillandsiées, sont aussi presque exclusivement américaines, qui, jointe à cette profusion de lianes, donne surtout aux forêts vierges de l'Amérique leur caractère spécial parmi les autres forêts des contrées chaudes et les distingue nettement de celles de l'Afrique, de l'Inde et de l'Australie [1]. »

Cette digression nous a entraînés un peu loin, mais j'estime que nous ne le regretterons pas, attendu qu'avec le savant astronome que je viens de citer, vous venez de faire, sans vous fatiguer beaucoup, une très agréable et très instructive promenade en forêt... du Nouveau Monde.

[1] Liais, l'*Espace céleste.*

DIX-SEPTIÈME ENTRETIEN

LES PASSIFLORES. — LA RENONCULE AQUATIQUE. — L'ARBRE DE LA SCIENCE DU BIEN ET DU MAL. — LE DRAGONNET.

Je ne sais si vous connaissez les *Passiflores,* vulgairement fleurs de la Passion ; ce sont de charmantes plantes grimpantes avec lesquelles on fait de gracieuses et fraîches tonnelles. Eh bien, quand vous rencontrerez ce genre de végétaux, observez-les avec attention et vous verrez, non sans étonnement, au moment de la fécondation, le pistil, quoique plus court que les étamines, se redresser pour aller rejoindre ces dernières. Le même fait se produit dans la Nigelle cultivée, mais ici les pistils étant plus longs que les étamines, ils se courbent pour rejoindre ces dernières.

Chez les *Saxifrages*, les étamines vont deux à deux accomplir leur mission. Dans le Tabac elles viennent toutes ensemble payer leur tribut au pistil ; dans la *Capucine*, le même phénoméne se renouvelle pendant plusieurs jours de suite. L'*Epi-*

lobe à épi présente le même phénomène que la Nigelle.

Dans les *composées*, le phénomène s'opère d'une tout autre manière. Vous avez vu dans l'étude de cette famille que chacun des fleurons composant l'ensemble de la fleur est lui-même une fleur complète, renfermant étamines et pistil ; que les étamines, au nombre de cinq, ont leurs anthères soudées en tube autour du pistil ; celui-ci plus long que les étamines. Lorsque sonne l'heure où l'acte de la fécondation doit s'accomplir, le pistil pourvu de poils collecteurs et qu'on pourrait comparer à la brosse dont se servent les tonneliers pour rincer les bouteilles, le pistil, dis-je, s'allonge, monte dans le canal formé par les anthères qui s'ouvrent à l'intérieur par une fente longitudinale et balaie à son passage le pollen qu'il sème, à sa sortie, sur la fleur voisine, car ici se pratique le système de la solidarité tant prôné par certains politiciens. « La fleur qui a fécondé ses aînées, étale à son tour ses papilles stigmatiques et reçoit le pollen enlevé par les poils collecteurs de sa voisine plus jeune qu'elle de quelques heures ». Ainsi la fécondation s'opère de proche en proche, en allant de la circonférence au centre.

Examinons cette petite fleur blanche qui tapisse si coquettement le fond de ce bassin. Comment va s'opérer la fécondation ? La fleur va-t-elle briser son attache pour venir à la surface de l'eau ? mais alors c'est la mort, car elle porte avec elle et les étamines et le pistil. Eh bien, la *Renoncule* aquatique ne s'embarrasse pas pour si peu ; au moment où doit s'opérer le passage du pollen aux ovules, une petite bulle d'air s'élève du milieu de sa fleur qu'elle enveloppe tout entière et permet au pollen de suivre sa route mystérieuse.

Mais voici qui surpasse tout ce que l'imagination pourrait supposer : L'*Eupomatie*, végétal de la Nouvelle-Hollande, a les étamines et les pistils sur un même réceptacle, mais une cloison existe entre ces différents organes : les pétales de la corolle les séparant, comment va s'établir la communication du pollen avec les ovules ? La nature n'est jamais à bout de ressources; à point nommé un insecte se présente, ronge les pétales, détruit la cloison entière et les anthères sèment immédiatement leur pollen qui, grâce à la voracité de l'insecte, arrive à sa destination.

Mais lorsque les étamines et le pistil croissent sur des végétaux habitant des lieux différents, comment peut s'opérer la fécondation? Demandez au zéphir qui passe à qui est destinée la poussière d'or qui recouvre ses ailes d'azur?

Voyez : un joli papillon voltige autour de cette fleur fraîchement épanouie; comme il se pose délicatement sur le bord de la corolle; les anthères vont s'ouvrir, car il attend. L'heure a sonné, sans doute; comme il plonge avec délices sa trompe au plus profond des nectaires; il s'agite, se tourne, se retourne, puis il part comme une flèche, emportant sur ses ailes diaprées la poussière fécondante. Sur son chemin, bien des fleurs aux couleurs chatoyantes attirent ses regards; de suaves parfums arrivent jusqu'à lui ; séduit un intant, il s'arrête, il hésite ; ce liseron est si beau avec sa robe nacrée à peine entr'ouverte et si délicatement plissée ! ce miroir de Vénus étale avec tant de coquetterie sa charmante tunique azur et or, et comme son regard est plein de promesses ? Vas-tu, léger papillon, céder à la tentation ? Que deviendrait alors, ton précieux fardeau ? N'écoutant que son devoir, il repart enfin et s'arrête sur l'humble fleur de la montagne ; sa mission est accomplie. Tout cela n'est-il pas admirable !

Demandez maintenant à la nature qui nous cache si soigneusement ses secrets, pourquoi la *cochenille* a choisi de préférence la Raquette et le Nopal pour demeure ? pourquoi la *ficoïde glaciale* exsude des gouttelettes d'argent ? pourquoi les feuilles du *Bryophyllum Calycinum* ont une saveur aigre le matin, insipide à midi, amère le soir ? pourquoi le *Kat* préserve de la peste, et pourquoi les blessures faites avec les épines du *célastre vénéneux* sont mortelles ? pourquoi les feuilles du *mimusupis Elengi* produisent, en brûlant, un crépitement si étrange ? pourquoi les feuilles de la Grassette sont pourvues de vésicules aériennes qui la font venir à la surface de l'eau au moment de l'épanouissement des fleurs et pourquoi, la fécondation opérée, la plante se replonge dans l'humide élément ? pourquoi les fleurs de l'*Hebenstreita dentata* sont inodores au lever du soleil, d'odeur forte et désagréable à midi et d'un parfum délicieux le soir ? pourquoi la *Cataleptique de Virginie*, herbe vivace, garde, comme les personnes frappées de catalepsie, la position qu'on lui a donnée ? pourquoi.....? Et puisqu'il faut en finir avec toutes ces questions et des milliers d'autres qu'on pourrait faire encore et qui resteraient sans réponses, nous allons terminer par quelques plantes qui méritent de fixer un instant notre attention.

La *Tabernœmontana utilis*, vulgairement nommée hya-hya, que l'on trouve dans la Guyane Anglaise, est un arbre aussi étrange que son nom ; il appartient à la famille des Apocynées. Cet arbre laisse couler de sa tige un lait épais et doux ressemblant au lait de vache et dans lequel les indigènes trouvent un aliment sain et nourrissant. Les prêtres de Ceylan prétendent que le *Divi-Ladner*, variété du Tabernœmontana, fut l'arbre de la *science du bien et du mal* mais qu'après la faute de nos premiers parents, ce fruit qui était délicieux devint vénéneux ; comment vérifier la chose ?

Je dois vous citer encore comme plantes curieuses deux végétaux de la famille des Aroïdées.

Le *Dragonnet à longs poils (Dracunculus crinitus)* plante méditerranéenne qui exhale une odeur cadavéreuse ; les mouches attirées par cette odeur s'engagent dans la spathe roulée en cornet et garnie de poils, mais lorsqu'elles en veulent sortir, les poils roides et inclinés s'entrecroisent et les arrêtent au passage.

Le *Dragonnet à feuilles percées (Dracunculus pertusus)* est un arbuste grimpant dont les tiges couvertes d'écailles formées par les restes des pétioles des feuilles et tachetées de noir la font ressembler à un serpent. Son nom vulgaire d'*Arbre à la couleuvre* lui vient-il de l'aspect que présente sa tige ou bien le doit-il à la propriété qu'on lui prête de guérir de la morsure des serpents ? On assure que le P. Dutertre, en parcourant les forêts de la Guadeloupe, rencontra un de ces étranges végétaux et que s'en étant approché pour l'examiner de plus près, trouva sept ou huit couleuvres mortes au pied de l'arbre ; cette particularité lui donna l'idée de faire expérimenter par son médecin la propriété qu'il lui supposait de guérir de la morsure des serpents : l'expérience aurait confirmé la supposition.

Est-ce bien à une propriété semblable que la Vépérine doit son nom? S'il en était ainsi, cette plante, très commune dans notre région où les vipères ne sont pas rares, mériterait les plus grands égards.

Mais est-il besoin de sortir des généralités pour admirer la sagesse et la prévoyance de la nature ? Prenons un rameau du premier arbuste venu et examinons la disposition des feuilles. Ont-elles été jetées au hasard? Non. Sont-elles opposées ? la seconde couronne sera toujours perpendiculaire à la première. Sont-elles alternes ? alors elles formeront autour de la tige une spirale dont le cycle sera toujours le même pour chaque espèce, mais qui variera dans des espèces différentes sans jamais s'éloigner des combinaisons suivantes :

$$1/3 \quad \frac{1}{3} \quad \frac{2}{5} \quad \frac{3}{8} \quad \frac{5}{13} \quad \frac{8}{21} \quad \frac{13}{34} \quad \text{etc.}$$

Nous nous sommes étendu assez longuement sur cette combinaison dans notre *Botanique du Grand-père* pour n'avoir pas besoin d'y revenir. Le hasard seul a-t-il pu produire cette suite de fractions dont chacune d'elles est composée de la somme des numérateurs et des dénominateurs des deux fractions qui la précèdent ?

Dans quel but la nature s'est-elle montrée si savante dans la répartition des feuilles sur la tige ? Ecoutez la raison qu'en a donnée un savant botaniste M. de Gandolle :

« La distribution des feuilles sur les rameaux est en rapport avec leurs fonctions..., qui sont presque exclusivement déterminées par l'action de la lumière solaire. Pour que cette action s'exerçât convenablement, il fallait, ou que les feuilles fussent très écartées les unes des autres, ou qu'avec un écartement donné elles se recouvrissent le moins possible. On a pu voir que tous les divers systèmes de position des feuilles ont pour résultat que les feuilles qui naissent immédiatement les unes au-dessus des autres ne se recouvrent jamais. Dans les cas les moins favorables, la troisième recouvre la première, et la quatrième la deuxième. Dans un autre cas, c'est la sixième, etc. Ainsi, en combinant ces dispositions, soit avec la distance des systèmes et de leurs parties, soit avec la grandeur des feuilles qui va en diminuant de bas en haut, on arrive à comprendre comment toutes les feuilles jouissent de l'action de la lumière solaire. »

Si nous examinons la plante dans sa fleur nous

éprouvons la même surprise et la même admiration.

« Il y en a qui sont garnies au dehors de poils, pour les abriter du froid ; d'autres sont formées pour éclore à la surface de l'eau : telles sont les roses jaunes des Nymphéa, qui flottent sur les lacs et qui se prêtent aux divers mouvements des vagues sans en être mouillées, au moyen des tiges longues et souples auxquelles elles sont attachées. Celles de la Vallisneria sont encore plus artistement disposées : elles croissent dans le Rhône, et elles auraient été exposées à y être inondées par les crues subite de ce fleuve, si la nature ne leur avait donné des tiges formées en tire-bouchon qui s'allongent tout à coup de trois à quatre pieds. Il y a d'autres fleurs coordonnées au vent et aux pluies, comme celles des pois, qui ont des nacelles qui abritent les étamines et les embryons de leurs fruits. De plus elles ont de grands pavillons et sont posées sur des queues courbées et élastiques, comme un nerf ; de sorte que quand le vent souffle sur un champ de pois, vous voyez toutes les fleurs tourner le dos au vent comme autant de girouettes... La Fougère qui couronne les sommets des collines, toujours battues des vents et des pluies, porte les siennes tournées vers la terre, sur le dos de ses feuilles.....

« On ne peut douter de ces relations admirables, quelque éloignées qu'elles paraissent, en observant l'attention avec laquelle la nature a préservé les fleurs des chocs que les vents même pourraient leur faire éprouver sur leurs tiges. Elle les enveloppe, pour la plupart, d'une partie que les botanistes appellent calice ; plus la plante est rameuse, plus le calice de sa fleur est épais. Elle le garnit quelquefois de coussinets et de barbes, comme on peut le voir aux boutons de rose : c'est ainsi qu'une mère met des bourrelets à la tête de ses enfants lorsqu'ils sont petits, pour les garantir des accidents de quelque chute. La nature a si bien marqué son intention à cet égard dans les fleurs des plantes rameuses, qu'elle a privé de ce fourreau celles qui croissent sur des tiges qui ne le sont pas, et où elles n'ont rien à craindre de l'agitation des vents, c'est ce qu'on peut remarquer aux fleurs du Sceau de Salomon, du Muguet, de la Hyacinthe, du Narcisse, de la plupart des Liliacées, et des plantes qui portent leurs fleurs isolées sur des tiges perpendiculaires. »

Mais où la nature s'est surpassée, c'est dans la constitution du fruit.

« Le fruit est le caractère principal de la plante : on peut en juger d'abord par les soins que la nature prend pour le former et pour le conserver ; il est le dernier terme de ses productions. Si nous examinons dans un végétal les enveloppes qui renferment ses feuilles, ses fleurs et ses fruits, nous trouverons une progression merveilleuse de soins et de précautions. Les simples bourgeons à feuilles sont aisés à reconnaître à la simplicité de leurs étuis : il y a même des plantes qui n'en ont pas, comme les pousses des graminées qui sortent immédiatement de terre et n'ont besoin d'aucune protection étrangère ; mais les bourgeons qui contiennent des fleurs ont des gaînes rembourrées de duvet, comme ceux du pommier ou enduites de glu à l'extérieur, comme ceux des marronniers d'Inde ; ou sont enfermées dans des sachets, comme les fleurs du Narcisse, ou garantis de manière qu'ils sont très reconnaissables, même avant leur développement. Vous voyez ensuite que l'appareil de la fleur est entièrement destiné à la fécondation du fruit, et quand celui-ci est une fois formé, la nature redouble de précautions au dedans et au dehors pour sa conservation ; elle lui donne un placenta ; elle l'enveloppe de pellicules, de coques, de pulpes, de gousses, de capsules, de brou, de cuir et quelquefois d'épines : une mère n'a pas plus d'attention pour le berceau de son enfant ; ensuite, afin qu'il aille chercher à s'établir dans le monde, elle le couronne d'aigrettes ou l'enferme dans une coquille : elle lui donne des ailes pour s'envoler ou un bateau pour voguer… » (BERNARDIN DE SAINT-PIERRE, *Études de la nature.*)

J'ai essayé, mes jeunes amis, dans ces différentes causeries, de lever un coin de voile qui recouvre l'œuvre de la nature, œuvre admirable, incommensurable, infinie. Il y a tant à étudier ! Si mes faibles entretiens ont eu le don d'éveiller votre curiosité, quelle ne serait pas votre admiration si, plongeant au fond des eaux, je vous faisais entrevoir cette prodigieuse population d'êtres organisés : végétaux, animaux qui vivent, grouillent, circulent au plus profond des abîmes de l'Océan, car la mer a aussi sa Faune et sa Flore.

« Or le seigneur Dieu, dit la *Genèse*, avait planté, dès le commencement, un jardin délicieux dans lequel il mit l'homme qu'il avait formé. » Ce jardin nous l'avons parcouru dans le cours de ces deux années ; jardin immense qui a pour lacs des Océans, pour bosquets des forêts. Mais est-il sorti du néant, comme sembleraient le faire croire les textes sacrés, tout planté, tout peuplé, tout agencé, dans l'espace de quelques jours et simplement pour faire à l'homme un séjour agréable?

Malheureusement cette poétique version, si flatteuse pour l'humanité et qui fut la croyance universelle pendant bien des siècles, est fort ébranlée par les découvertes géologiques modernes. Une science nouvelle, la Paléontologie, a fait surgir des entrailles de la terre une multitude d'animaux et de végétaux fossiles dont les espèces ont complètement disparu et qui prouveraient d'une manière irréfutable que la constitution de notre globe, sorti du néant, est le résultat d'un travail lent, progressif et qui a demandé plusieurs millions d'années.

Eh bien, mes jeunes amis, si vous le voulez, cette Faune et cette Flore des temps passés, ces témoins muets des siècles écoulés depuis longtemps nous les étudierons, nous les interrogerons, et cette étude, loin de rapetisser à nos yeux l'œuvre du Créateur, la grandira, au contraire, car l'immensité des siècles passés nous apparaîtra en même temps que l'infini des siècles à venir et alors, élevant nos regards vers ces millions de globes qui gravitent dans l'espace et au milieu desquels notre pauvre planète, la terre, ne semble qu'un atôme nous dirons, avec le philosophe de Genève :

« La matière qui se meut selon des lois si admirables me montre une intelligence. Je la vois non seulement dans les cieux qui roulent, dans l'astre qui nous éclaire ; non seulement dans moi-même, mais dans la brebis qui paît, dans l'oiseau qui vole, dans la pierre qui tombe, dans la feuille qu'emporte le vent.

« J'ignore pourquoi l'univers existe ; mais je ne laisse pas de voir comment il est modifié ; je ne laisse pas d'apercevoir l'intime correspondance par laquelle les êtres qui le composent se prêtent un secours mutuel ; je suis comme un homme qui verrait pour la première fois une montre ouverte et qui ne laisserait pas d'en admirer l'ouvrage quoiqu'il ne connût pas l'usage de la machine et qu'il n'eût point vu le cadran. Je ne sais, dirait-il, à quoi le tout est bon ; mais je vois que chaque pièce est faite pour les autres ; j'admire l'ouvrier dans le détail de son ouvrage, et je suis bien sûr que tous ces rouages ne marchent ainsi de concert que pour une fin commune qu'il m'est impossible d'apercevoir.

« Je crois donc que le monde est gouverné par une volonté puissante et sage ; je le vois, ou plutôt je le sens, et cela m'importe à savoir. » (J. J. Rousseau, *Émile*.)

FIN

TABLE DES MATIÈRES

—

PREMIER ENTRETIEN

Physiologie végétale. — Fonctions de nutrition......... 5

DEUXIÈME ENTRETIEN

La Garance. — L'Asperule odorante. — L'Ipécacuanha. — Le Caféier. — Le Quinquina. 15

TROISIÈME ENTRETIEN

Fonctions de la reproduction. — Lychnis. — Dianthées. — Saponaire. — Mouron...... 29

QUATRIÈME ENTRETIEN

Veille et Sommeil. — Anecdote des Feux follets. — Horloge de Flore............... 38

CINQUIÈME ENTRETIEN

Autres phénomènes observés dans les Plantes. — Mouvement. — Calorification. — Phosphorescence. — Coloration. — Odeurs. — Saveurs. — Pervenche. — Gobe-Mouches. 49

SIXIÈME ENTRETIEN

De la Géographie Botanique. — Le Ricin. — La Gentiane. — La petite Centaurée....... 64

SEPTIÈME ENTRETIEN

Géographie Botanique (suite). — Immortelle............ 71

HUITIÈME ENTRETIEN

Amérique. — Forêts-Vierges. 78

NEUVIÈME ENTRETIEN

Cryptogames et Phanérogames. — Arbre fontaine. — Nostocs. — Varechs. — Champignons............... 89

DIXIÈME ENTRETIEN

Les Phanérogames. — Canne à sucre. — Palmiers. — Arbre à la Cire. — Dragonier. — Cèdre. — Sequoia-Gigantea. 104

ONZIÈME ENTRETIEN

Chêne d'Allouville. — Châtaignier des cent chevaux. — Arbre à Pain. — Arbre à la vache. — Ficus religiosa. — La Pariétaire......... 114

DOUZIÈME ENTRETIEN

Le Poivrier. — Le Mancelinier. — Le Sablier. — Le Papayer. — Le Raflesia. — Le Gui. — Le Laurier-Camphrier. — Le Daphné................. 125

TREIZIÈME ENTRETIEN

Le Tamarin. — La Manne des Hébreux. — La rose de Jéricho. — Le Rocou. — Le Nymphea. — La Victoria Regina. 135

QUATORZIÈME ENTRETIEN

La Dauphinelle. — Le Magnolia. — Le Tulipier. — L'Arbre horloge. — L'Épine Vinette. — Le Quassia-Amara. — La Rue. — La Fraxinelle. — Le Cotonnier. — Le Baobab. 144

QUINZIÈME ENTRETIEN

Le Cacaoyer. — Le Tilleul. — L'Arbre à thé. — Le Millepertuis. — L'oranger.......... 154

SEIZIÈME ENTRETIEN

Le Pistachier. — L'Anacarde. — Le Sumac. — Le Robinier. — Le Grenadier. — Le Myrthe. — La Marmite du Singe. — Une forêt du Nouveau-Monde............... 166

DIX-SEPTIEME ENTRETIEN

Les Passiflores. — La Renoncule aquatique. — L'Arbre de la Science du bien et du mal. — Le Dragonnet. — Conclusion................. 178

TABLE DES GRAVURES

—

Figure 1. — Arbres géants 2

— 2. — Garance 16

— 3. — Café 23

— 3 *bis*. — Rhubarbe 33

— 4. — Vallisnérie 51

— 5. — Forêt vierge 66

— 6. — Varechs 96

— 7. — Mer des Sargasses 97

— 8. — Lichen 101

— 9. — Champignon 102

— 10. — Canne à sucre 105

— 11. — Forêt de Bambous 107

— 12. — Palmier 112

— 13. — Cèdre 113

— 14. — Cacaoyer 130

— 15. — Cotonnier 150

— 16. — Thé 162

4868. — Tours, imp. Rouillé-Ladevèze, Deslis frères, suc^{rs}, r. Gambetta, 6.

HISTOIRE ÉLÉMENTAIRE

DU

DROIT FRANÇAI'

DEPUIS SES ORIGINES GAULOISES

JUSQU'A LA RÉDACTION DE NOS CODES MODERNES

PAR

J.-Édouard GUÉTAT

PROFESSEUR A LA FACULTÉ DE DROIT
AVOCAT PRÈS LA COUR D'APPEL DE GRENOBLE

PARIS

L. LAROSE ET FORCEL

LIBRAIRES-ÉDITEURS
22, RUE SOUFFLOT, 22

1884